W0367467

Roland Dincher
Hans-Jörg Ehreiser
Heinrich Müller-Godeffroy

Einführung in das betriebliche Rechnungswesen

Schriftenreihe
der Forschungsstelle für Betriebsführung und Personalmanagement e.V.
Band 4

Einführung in das betriebliche Rechnungswesen

Buchführung, Jahresabschluss, Kostenrechnung

von

Prof. Dr. Roland Dincher
Prof. Dr. Hans-Jörg Ehreiser
Prof. Dr. Heinrich Müller-Godeffroy

2., überarbeitete Auflage

Bibliografische Information Der Deutschen Bibliothek

Die Deutsche Bibliothek verzeichnet diese Publikation in der Deutschen Nationalbibliografie; detaillierte bibliografische Daten sind im Internet über http://dnb.ddb.de abrufbar.

ISSN 1618-3541

ISBN 3-936098-24-7

Vorwort zur zweiten Auflage

Die erste Auflage der ‚Einführung in das betriebliche Rechnungswesen' ist sehr gut aufgenommen worden und hat eine positive Resonanz bei den Lesern gefunden.

Die jetzt notwendig gewordene zweite Auflage bedurfte daher keiner grundlegenden Änderung, sie bot aber Gelegenheit zur Überarbeitung und Weiterentwicklung des Bandes. Insbesondere in Kapitel 5 (Bilanzanalyse) und Kapitel 6 (Kostenrechnung) wurden mehrere Abschnitte hinzugefügt und inhaltliche Ergänzungen vorgenommen, die übrigen Kapitel wurden aktualisiert und zum Teil überarbeitet. Der Übungsteil (Kap.7) und die Wiederholungsfragen nach den einzelnen Kapiteln wurden erweitert und vervollständigt.

Neuhofen, im März 2006

Roland Dincher

Hans-Jörg Ehreiser

Heinrich Müller-Godeffroy

Vorwort zur ersten Auflage

Die vorliegende Einführung in das betriebliche Rechnungswesen ist als Lehr- und Übungsbuch konzipiert, das einen Überblick über die wichtigsten Teilbereiche des Rechnungswesen gibt: die Buchführung, den Jahresabschluss und die Kostenrechnung.

Die Darstellung will einen Einstieg in die Materie ermöglichen und dem Leser Orientierung in diesem komplexen Themengebiet geben. Das Rechnungswesen soll als ein System verstanden werden, dessen einzelne Elemente miteinander verzahnt sind und erst im Zusammenwirken ihre Leistungsfähigkeit entfalten. Es wird daher auf die Herausarbeitung von Zusammenhängen und auch auf eine verständliche Darstellung Wert gelegt.

Als Lehr- und Übungsbuch bedient sich der Band zahlreicher graphischer Darstellungen, die den Stoff strukturieren und zusammenfassen. Die Visualisierung soll die Bearbeitung des Stoffes erleichtern, insbesondere aber das Lernen unterstützen.

Besonderes Augenmerk wurde dem Praxisbezug des Buches zuteil. Die Ausführungen im Text werden vielfach durch praktische Beispiele erläutert, die das Verständnis fördern und den Transfer in die Praxis erleichtern sollen.

Am Ende eines jeden Kapitels wird der Stoff anhand von Wiederholungsfragen repetiert. Die Wiederholung des Stoffes gibt eine Rückmeldung über den erreichten Lernerfolg im Sinne von Lernkontrolle, so dass gezieltes Nachbessern möglich ist. Andererseits beinhaltet die Wiederholung selbst bereits eine Festigung des Wissens.

Ganz besonderer Wert wurde darauf gelegt, den Nutzern dieses Bandes umfangreiche Übungsmöglichkeiten zu bieten. Kapitel 7 umfasst zahlreiche kleine und große Übungsaufgaben, zu denen jeweils ausführliche Lösungshinweise und -vorschläge gegeben werden. Die Bearbeitung der Übungsaufgaben bewirkt nicht nur eine Festigung und Vertiefung des Wissens, sie wird oft auch als eine willkommene Auflockerung und Abwechslung beim Lernen empfunden.

Das Buch richtet sich in erster Linie an Studierende an Hochschulen, Akademien und Fachschulen und an Auszubildende, deren Lehrpläne und Prüfungsordnungen das betriebliche Rechnungswesen beinhalten. Es eignet sich darüber hinaus vor allem für Praktiker aus allen Berufssparten, die sich in das betriebliche Rechnungswesen einarbeiten oder sich auf diesem Gebiet weiterbilden möchten.

Neuhofen, im März 2004

Roland Dincher

Hans-Jörg Ehreiser

Heinrich Müller-Godeffroy

Inhalt *Seite*

1 Grundlagen

1.1 Einführung

Betriebe sind gekennzeichnet durch die Transformation von Produktionsfaktoren in Güter und Dienstleistungen, die als Ergebnis der betrieblichen Leistungserstellung auf den Absatzmärkten angeboten werden. Die Betriebsführung steuert dabei die ablaufenden Prozesse, indem sie verbindliche Entscheidungen über anzustrebende Ziele fällt und Voraussetzungen und Rahmenbedingungen zur Erreichung dieser Ziele festlegt. Ihre primären Handlungsfelder erstrecken sich daher auf die Organisation, die Führung und das Controlling.

Abb. 1: Betriebliche Funktionen

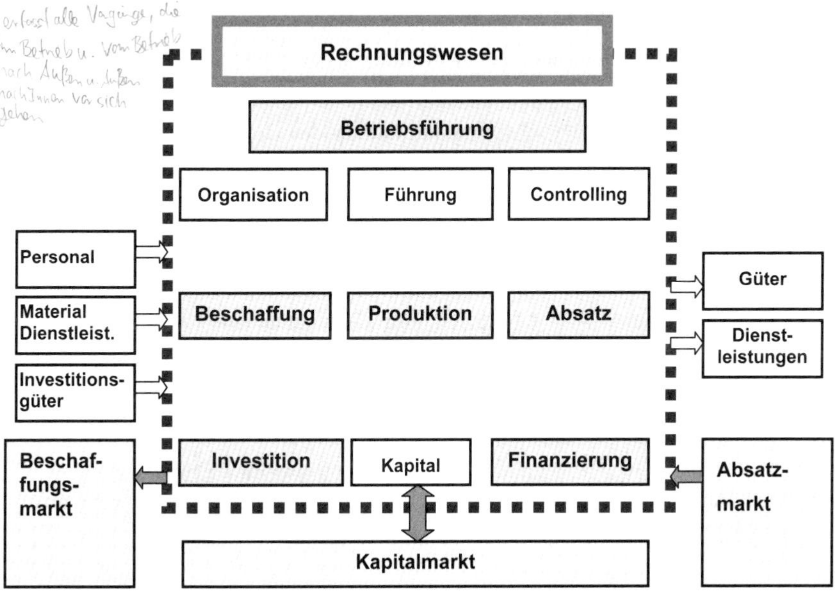

Verlässt man die Ebene der Betriebsführung, so sind im Betrieb eine Reihe von operativen Aufgaben bzw. Funktionen wahrzunehmen. Aus der Charakterisierung des Betriebes als produzierende Einzelwirtschaft ergibt sich die Produktion von Gütern oder Dienstleistungen als eine ihrer Kernaufgaben. Die Erstellung einer Leistung erfordert ihrerseits die Beschaffung der benötigten Produktionsfaktoren - Arbeitskraft, Betriebsmittel und Werkstoffe - von den Beschaffungsmärkten. Und schließlich wird die Leistung für fremden Bedarf erstellt, so dass weiterhin der Absatz der Leistung am Absatzmarkt eine betriebliche Kernfunktion darstellt. Dieser Güter- und Leistungsstrom (Realgüterstrom) von dem Beschaffungsmarkt über den Betrieb zum Absatzmarkt bildet die materielle Seite des betrieblichen Prozesses.

Ihm steht ein in umgekehrter Richtung fließender Geldstrom (Nominalgüterstrom) entgegen. Die Erlöse aus dem Absatz der Leistungen fließen dem Betrieb zu und werden erneut zur Beschaffung der Produktionsfaktoren verwendet. Neben dieser Finanzierung durch die Leistungsabgabe bezieht der Betrieb Eigen- und Fremdkapital vom Kapitalmarkt und gibt umgekehrt Ausschüttungen, Zins- und Tilgungszahlungen dorthin ab.

Die langfristige Sicherung der Wettbewerbsfähigkeit, der Ersatz für ausgediente Anlagen und auch die Erweiterung der Kapazitäten erfordern ständige Investitionen in die Betriebsmittelausstattung des Betriebes. Ziel der Investitionstätigkeit ist eine bestmögliche wirtschaftliche Nutzung des eingesetzten Kapitals.

So lassen sich kurz das Aufgabenspektrum und der funktionale Zusammenhang eines Betriebes umreißen. In allen Teilbereichen des Betriebes sind ständig Entscheidungen zu treffen und zwar unter jeweils wirtschaftlichen Gesichtspunkten. Diese Entscheidungen bedürfen einer Informationsgrundlage, die durch das **Rechnungswesen** bereitgestellt wird. Das betriebliche Rechnungswesen erfasst sämtliche wirtschaftlich relevanten Tatbestände und Vorgänge im Betrieb, unterzieht sie einer monetären Bewertung, verdichtet diese Daten und bereitet sie auf. Das Rechnungswesen ist daher eine unverzichtbare Voraussetzung erfolgreicher betrieblicher Tätigkeit.

1.2 Aufgaben und Teilbereiche des Rechnungswesens

Ausgangspunkt und Grundlage der Steuerung und Analyse eines Betriebes sind die Daten und Informationen, die durch das betriebliche Rechnungswesen bereitgestellt werden. Das betriebliche Rechnungswesen kann dabei als " ... Inbegriff eines Informationssystems betrachtet werden, dessen Gegenstand die Erfassung, Speicherung und Verarbeitung von betriebswirtschaftlich relevanten quantitativen Informationen über angefallene oder geplante Geschäftsvorgänge und -ergebnisse ist." *(Schierenbeck 2003, S. 505).*

Zu den Aufgaben des betrieblichen Rechnungswesens gehören vor allem:

- Dokumentations- und Kontrollaufgaben
- Dispositionsaufgaben
- Rechenschaftslegungs- und Informationsaufgaben.

Traditionell wird das Aufgabengebiet des Rechnungswesens unterteilt in die Teilbereiche:

- Buchhaltung (Kapitel 2) und Inventur (Kapitel 3)
- Jahresabschluss (Kapitel 4)
- Kalkulation und Kostenrechnung (Kapitel 6)
- Betriebsstatistik
- Planungsrechnungen

Diese Teilbereiche bauen

- zum einen auf der Finanzbuchhaltung (**externes Rechnungswesen**), die der Erfassung der Geschäftsvorfälle mit Externen und der Information externer Adressaten dient, und
- zum anderen auf der Betriebsbuchhaltung (**internes Rechnungswesen**), die den internen Entscheidungsträgern eine Informations- und Entscheidungsgrundlage bietet, auf.

Ist erstere in hohem Maße durch gesetzliche Vorschriften, die dem Schutz von Außenstehenden dienen, regelmentiert, ist letztere eine weitgehend freiwillige betriebliche Maßnahme.

Abb. 2: Teilaspekte des betrieblichen Rechnungswesens

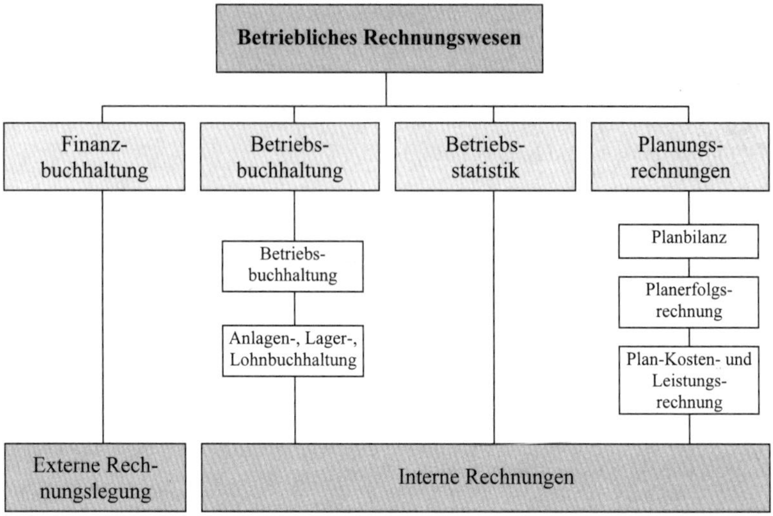

(Eilenberger 1995, S. 6)

Für die Zwecke der externen Analyse eines Betriebes ist also die Finanzbuchhaltung und der hierauf basierende Jahresabschluss (Bilanz, Gewinn- und Verlustrechnung) von entscheidendem Erkenntniswert. Es sind überdies für den außenstehenden Betrachter nicht selten die einzigen Informationsquellen, die zur Verfügung stehen. Entsprechend hat sich eine Technik der Analyse entwickelt, die sog. Bilanzanalyse, die eine systematische Aufbereitung der veröffentlichten Daten ermöglicht (vgl. Kapitel 5).

1.3 Grundbegriffe

Das betriebliche Rechnungswesen verfügt über eine Terminologie, die teilweise Begriffe beinhaltet, die auch in der Alltagssprache gebräuchlich sind. Im Gegensatz zum alltagssprachlichen Gebrauch finanz- und betriebswirtschaftlicher Begriffe, der häufig unscharf, mehrdeutig und damit missverständlich ist, verwendet die betriebswirtschaftliche Terminologie klar definierte und gegeneinander abgegrenzte Begriffe.

Grundbegriffe im Rahmen des betrieblichen Rechnungswesens sind:

Einzahlungen, Einnahmen, Ertrag, Leistung einerseits sowie **Auszahlungen, Ausgaben, Aufwand und Kosten** andererseits.

Diese Begriffe bezeichnen die grundlegenden Finanz- und Leistungsprozesse, die im betrieblichen Rechnungswesen ihren Niederschlag finden.

1.3.1 Einzahlungen und Einnahmen; Auszahlungen und Ausgaben

Als **Einzahlungen** bzw. **Auszahlungen** werden alle betrieblichen Vorgänge behandelt, die zu einer Veränderung (Erhöhung, Verringerung) der betrieblichen **Zahlungsmittel**, der liquiden Mittel (Kassenbestand, jederzeit verfügbare Sichtguthaben), führen. Die Zahlungsmittel stellen eine Bestandsgröße dar, die durch die beiden Strömungsgrößen Einzahlungen und Auszahlungen verändert wird.

Einnahmen und **Ausgaben** hingegen umfassen alle Vorgänge, die zu einer Veränderung des betrieblichen **Geldvermögens** führen. Das Geldvermögen umfasst die liquiden Mittel, den Zahlungsmittelbestand sowie alle weiteren (Geld-) Forderungen an die Schuldner des Betriebes, vermindert um die Verbindlichkeiten gegenüber den Gläubigern.

Zwischen den Einzahlungen/Auszahlungen und den Einnahmen/Ausgaben besteht also insoweit eine Übereinstimmung, als sich beide auf Veränderungen des Zahlungsmittelbestandes des Betriebes beziehen, ein Unterschied existiert jedoch insofern, als die Einnahmen/Ausgaben weiter gefaßt sind und darüber hinaus alle auf das Geldvermögen bezogenen Vorgänge erfassen.

Im einzelnen sind für den Zusammenhang der beiden Begriffspaare folgende Konstellationen möglich:

Abb. 3: Einzahlungen und Einnahmen

Abb. 4: Auszahlungen und Ausgaben

(1) Einzahlungen, keine Einnahmen

Zu Einzahlungen, die keine Einnahmen sind, kommt es, wenn der Erhöhung des Zahlungsmittelbestandes eine gleich hohe Verringerung der Forderungen bzw. Erhöhung der Verbindlichkeiten gegenüber steht.

Beispiel: Aufnahme eines Bankkredites
Der Zahlungsmittelbestand erhöht sich in der Größenordnung des aufgenommenen Kredites (Einzahlung), durch die gleichzeitige Entstehung einer Ver-

bindlichkeit in gleicher Höhe bleibt jedoch der Geldvermögensbestand per Saldo unverändert. Die Einzahlung bewirkt keine Einnahme.

(2) Auszahlung, keine Ausgabe

Eine nicht ausgabenwirksame Auszahlung liegt vor, wenn der Verringerung des Zahlungsmittelbestandes eine Erhöhung der Forderungen bzw. eine Verringerung der Verbindlichkeiten gegenübersteht, so dass trotz der erfolgten Auszahlung das Geldvermögen gleich bleibt.

Beispiel: Tilgung eines Bankkredites

Die Ablösung eines Kredites aus Kassenbeständen oder aus Bankguthaben verringert den Zahlungsmittelbestand, da jedoch gleichzeitig die Verbindlichkeiten des Betriebes in gleicher Höhe abnehmen, verändert sich das Geldvermögen nicht. Die Auszahlung ist nicht ausgabenwirksam.

(3) Einzahlung = Einnahme

Eine Einzahlung wird dann zur Einnahme, wenn mit ihr eine Erhöhung des gesamten Geldvermögens verbunden ist. Dies setzt voraus, dass die Einzahlung nicht durch eine Erhöhung der Verbindlichkeiten oder durch eine Abnahme der Forderungen kompensiert wird.

Beispiel: Barverkauf von Waren

Werden Waren oder sonstige Leistungen gegen bar verkauft, so erhöht sich der Kassenbestand (liquide Mittel) in Höhe des Verkaufspreises, ohne dass sonstige Forderungen oder Verbindlichkeiten hiervon berührt sind. Da der gesamte Geldvermögensbestand in Höhe der Einzahlung zunimmt, ist die Einzahlung in voller Höhe eine Einnahme.

(4) Auszahlung = Ausgabe

Ebenso gilt für Auszahlungen, dass sie nur dann zur Ausgabe werden, wenn mit der Verminderung des Zahlungsmittelbestandes auch eine Verringerung des gesamten Geldvermögens einhergeht. Dies ist dann der Fall, wenn die Auszahlung nicht durch eine entgegengesetzte Veränderung der Forderungen oder Verbindlichkeiten kompensiert wird.

Beispiel: Bareinkauf von Waren

Der bar verrechnete Wareneinkauf verringert den Kassenbestand (Zahlungsmittelbestand), ohne dass hieraus Verbindlichkeiten oder Forderungen neu geschaffen oder verändert werden. Die Verringerung des Kassenbestandes wird in vollem Umfange zu einer Verringerung des Geldvermögens. Die Auszahlung ist also gleichzeitig eine Ausgabe.

(5) Einnahme, keine Einzahlung

Einnahmenwirksame Vorgänge, denen keine Einzahlungen entsprechen, erhöhen das gesamte Geldvermögen ohne den Zahlungsmittelbestand zu verändern. Es handelt sich hier also um Vorgänge, welche die Forderungen oder Verbindlichkeiten des Betriebes betreffen.

Beispiel: Warenverkauf auf Ziel

Durch den Warenverkauf auf Ziel entsteht eine Forderung des Betriebes gegen den Abnehmer, die nicht sogleich beglichen wird. Aufgrund der Forderung erhöht sich das Geldvermögen. Da die Zahlung erst zu einem späteren Zeitpunkt erfolgt, bleibt der Zahlungsmittelbestand von diesem Geschäftsvorfall zunächst unberührt. Der Einnahme entspricht keine Einzahlung.

(6) Ausgabe, keine Auszahlung

Hier gilt entsprechend, dass die Verringerung des Geldvermögens nicht durch eine Veränderung des Zahlungsmittelbestandes, sondern durch Veränderung von Forderungen oder Verbindlichkeiten zustande kommt. Eine Ausgabe, die nicht gleichzeitig eine Auszahlung ist, erhöht also die Verbindlichkeiten oder verringert die Forderungen, ohne durch eine entgegengesetzte Veränderung des Zahlungsmittelbestandes kompensiert zu werden.

Beispiel: Wareneinkauf auf Ziel

Werden Waren beschafft und nicht sogleich bezahlt, so entsteht eine Verbindlichkeit gegenüber dem Lieferanten. Das gesamte Geldvermögen verringert sich in Höhe dieser Verbindlichkeit, ohne dass jedoch zeitgleich eine entsprechende Auszahlung erfolgt. Der Ausgabe entspricht (zunächst) keine Auszahlung.

1.3.2 Einnahmen und Erträge; Ausgaben und Aufwand

Einnahmen und Ausgaben sind Geschäftsvorfälle, die das Geldvermögen des Betriebes verändern. Von Ertrag und Aufwand spricht man dann, wenn durch die Vorgänge das **Gesamtvermögen** (Nettovermögen, Reinvermögen) des Betriebes beeinflußt wird. Die Bestandsgröße Gesamtvermögen setzt sich zusammen aus dem Geldvermögen und dem Sachvermögen. Ertrag und Aufwand beziehen also gegenüber den bisher behandelten Begriffen auch die Veränderungen des Sachvermögens in die Betrachtung mit ein. Es handelt sich bei ihnen wiederum um Strömungsgrößen. Der Zusammenhang zwischen Einnahmen/Ausgaben und Ertrag/Aufwand kann wiederum in je drei Fallgruppen differenziert werden:

Abb. 5: Einnahmen und Erträge

<table>
<tr><td colspan="2">Einnahmen
(= Erhöhungen des Geldvermögens)</td><td></td></tr>
<tr><td>Einnahmen,
keine Erträge
(1)</td><td>Einnahmen =
Erträge
(3)</td><td></td></tr>
<tr><td></td><td>Erträge =
Einnahmen
(3)</td><td>Erträge,
keine Einnahmen
(5)</td></tr>
<tr><td></td><td colspan="2">Erträge
(= Erhöhungen des Nettovermögens)</td></tr>
</table>

Abb. 6: Ausgaben und Aufwand

<table>
<tr><td colspan="2">Ausgaben
(= Verminderung des Geldvermögens)</td><td></td></tr>
<tr><td>Ausgaben,
kein Aufwand
(2)</td><td>Ausgaben =
Aufwand
(4)</td><td></td></tr>
<tr><td></td><td>Aufwand =
Ausgaben
(4)</td><td>Aufwand,
keine Ausgaben
(6)</td></tr>
<tr><td></td><td colspan="2">Aufwendungen
(= Verminderung des Nettovermögens)</td></tr>
</table>

(1) Einnahmen, keine Erträge

Einnahmen, die keine Erträge sind, erhöhen das Geldvermögen bei gleichzeitiger Verringerung des Sachvermögens. Der Erhöhung des Geldvermögens entspricht keine Erhöhung des Gesamtvermögens, da sie durch eine Verringerung des Sachvermögens kompensiert wird.

Beispiel: Verkauf von Sachvermögenswerten zum Buchwert
Werden Teile des Sachvermögens (Grundstücke, Gebäude, Anlagen, Waren etc.) veräußert, so erhöht sich das Geldvermögen des Betriebes entweder durch Zufluß von liquiden Mitteln oder durch eine Forderungserhöhung. Da diesem Zufluß jedoch ein gleich hoher Abfluß an Sachvermögen gegenübersteht, bleibt das Reinvermögen gleich. Die Einnahme ist ertragsunwirksam.

(2) Ausgaben, kein Aufwand

Umgekehrt gilt für Ausgaben, die keinen Aufwand darstellen, dass sie zwar das Geld-, nicht jedoch das Gesamtvermögen verringern. Dies ist dann der Fall, wenn durch die Ausgabe ein gleich hoher Zugang an Sachvermögen bewirkt wird.

Beispiel: Anschaffung von Sachvermögenswerten
Werden Sachvermögenswerte durch den Betrieb angeschafft (z.B. Maschinen), so erhöht sich das gesamte Sachvermögen um den Wert des Neuzuganges. Gleichzeitig verringert sich das Geldvermögen um eben diesen Betrag entweder durch einen Zahlungsmittelabfluß oder eine entsprechende Erhöhung der Verbindlichkeiten. Die Anschaffung hat also im Endergebnis nicht das Reinvermögen verändert, sondern lediglich zu einer Vermögensumschichtung (Geldvermögen zu Sachvermögen) geführt.

(3) Einnahmen = Erträge

Einnahmen sind immer dann auch Erträge, wenn dem Zufluß an Geldvermögen nicht gleichzeitig ein gleich hoher Abfluß im Sachvermögen gegenübersteht.

Beispiel: Entstehung einer Zinsforderung zu einer Geldanlage
Die Zinsforderung erhöht das Geldvermögen des Betriebes ohne dass hiervon das Sachvermögen berührt wird. Im Umfange des Geldvermögenszuwachses steigt also auch das Reinvermögen. Die Einnahme ist ein Ertrag.

(4) Ausgabe = Aufwand

Ausgaben sind immer dann Aufwand, wenn sie zu einer Verringerung des Reinvermögens führen, also nicht durch einen gleich hohen Zuwachs des Sachvermögens kompensiert werden.

Beispiel: Entstehung einer Steuerschuld

Durch die Entstehung einer Steuerschuld (z.B. KFZ-Steuer, Grundsteuer ...) erwächst dem Betrieb eine Verbindlichkeit, die sein Geldvermögen in Höhe der Steuerforderung verringert. Da dieser Verringerung keine Zunahme des Sachvermögens gegenübersteht, verringert sich folglich das Reinvermögen. Die Ausgabe ist also gleichzeitig Aufwand.

(5) Ertrag, keine Einnahme

Ein Ertrag ist dann keine Einnahme, wenn die Erhöhung des Reinvermögens ausschließlich durch einen Zuwachs des Sachvermögens verursacht wird.

Beispiel: Wertberichtigungen im Sachvermögen

Müssen die buchmäßigen Wertansätze für Teile des Sachvermögens erhöht werden (z.B. Anpassung an Preissteigerungen bis zur Grenze der ursprünglichen Anschaffungskosten), so erhöht sich, da eine Ausgabe nicht erfolgt ist, im gleichen Umfange das Reinvermögen. Der Betrieb erzielt einen Ertrag, jedoch keine Einnahme.

(6) Aufwand, keine Ausgabe

Nicht ausgabenwirksamer Aufwand liegt vor, wenn eine Reinvermögensverringerung ohne Veränderung des Geldvermögens ausschließlich durch eine Abnahme des Sachvermögens verursacht wird.

Beispiel: Verringerung des buchmäßigen Wertansatzes für Sachvermögen

Werden die Wertansätze für Bestandteile des Sachvermögens verringert (z.B. Abschreibungen für Maschinen und Anlagen, Verlustschwund, Überalterung von Produktionsmaterial etc.), so verringert sich in gleichem Umfange das Nettovermögen des Betriebes, da der Abnahme des Sachvermögens keine Zunahme des Geldvermögens gegenübersteht. Es entsteht Aufwand, der nicht zu einer Ausgabe führt.

1.3.3 Ertrag und Leistung; Aufwand und Kosten

Die bisher behandelten Begriffe beziehen sich auf Tatbestände der Finanzbuchhaltung. Leistung und Kosten hingegen entstammen der Betriebsabrechnung.

Abb. 7: Aufwand und Kosten

<table>
<tr><td colspan="4">Aufwand</td><td colspan="3"></td></tr>
<tr><td colspan="3">Neutraler Aufwand
(1)</td><td rowspan="2">Zweckaufwand
(2)</td><td colspan="3"></td></tr>
<tr><td>11</td><td>12</td><td>13</td><td colspan="3"></td></tr>
<tr><td colspan="3" rowspan="2"></td><td rowspan="2">Grundkosten
(2)</td><td colspan="3">Kalkulatorische Kosten
(3)</td></tr>
<tr><td>31</td><td>32</td><td>33</td></tr>
<tr><td colspan="3"></td><td colspan="4">Kosten</td></tr>
</table>

(vgl. Wöhe/Döring 2005, S. 817)

Soweit eine Übereinstimmung zwischen Kosten und Aufwand vorliegt, spricht man von Grundkosten bzw. Zweckaufwand (2). Es gibt jedoch auch Aufwand, der keine Kosten darstellt (neutraler Aufwand), ebenso gibt es Kosten, die nicht gleichzeitig Aufwand sind (kalkulatorische Kosten).

(1) Neutraler Aufwand

Ein neutraler Aufwand liegt vor, wenn ein Werteverzehr eingetreten ist (Verringerung des Reinvermögens), ohne dass hierdurch eine betriebliche Leistung entstanden ist.

Zum neutralen Aufwand gehören:

11 - **betriebsfremder Aufwand**:
Der Aufwand hat keine Beziehung zur betrieblichen Leistungserstellung (z.B. Spende an die Welthungerhilfe).

12 - **außerordentlicher Aufwand**:
Der Aufwand ist so außergewöhnlich, dass er nicht in die Selbstkosten hineingerechnet werden soll (z.B. Verluste durch Feuerschäden).

13 - **bewertungsbedingter Aufwand**:
Der Aufwand ist zwar der Art, nicht aber der Höhe nach kostengleich

(z.B. Abschreibungen; die bilanziellen Abschreibungen sind höher als die kalkulatorischen).

(2) Zweckaufwand = Grundkosten
Zweckaufwand ist derjenige Aufwand, der zur Erstellung der Betriebsleistung in dieser Periode und bei normalem Ressourceneinsatz erforderlich ist. Der Zweckaufwand entspricht den Grundkosten der Leistungserstellung. Es handelt sich hier also um denjenigen Werteverzehr aus dem Nettovermögen (Verbrauch von Produktionsfaktoren, Abschreibungen etc.), der mittelbar oder unmittelbar in die Betriebsleistung eingeht.

(3) Kalkulatorische Kosten
Kalkulatorische Kosten sind Kosten, denen kein Aufwand entspricht, die also nicht zu einer Verringerung des Nettovermögens des Betriebes führen. Dies sind im wesentlichen kalkulatorische Kosten für:

31 - **Zusatzkosten**:
Den Kosten stehen überhaupt keine Aufwandspositionen gegenüber (z.B. kalkulatorische Eigenkapitalzinsen, kalkulatorische Miete, kalkulatorischer Unternehmerlohn).

32 - **Risiken und Wagnisse**:
Aperiodisch auftretender Aufwand wird in der Kalkulation im Wege der Durchschnittsbildung gleichmäßig über mehrere Perioden verteilt (z.B. Knallkörperfabrikation mit sporadischen Explosionsschäden).

33 - **Kalkulatorische (Mehr-)Abschreibungen**:
Die kalkulatorischen Abschreibungen sind höher als die bilanziellen.

Die **Erträge** können analog der Gliederung des Aufwandes nach ihrer Betriebsbedingtheit untergliedert werden in den **ordentlichen Ertrag**, der nachhaltig mit dem Kerngeschäft des Unternehmens erwirtschaftet wird und den **neutralen Ertrag**.

Abb. 8: Ordentlicher und neutraler Ertrag

Ertrag			
neutraler Ertrag			ordentlicher Ertrag
betriebsfremd (1)	außergewöhnlich (2)	periodenfremd (bewertungsbedingt) (3)	nachhaltig; Kerngeschäft (4)

(vgl. Wöhe/Döring 2005, S. 815)

(1) Neutraler Ertrag

Ein neutraler Ertrag liegt vor, wenn der eingetretene Vermögenszuwachs entweder nicht nachhaltig ist oder nicht dem gewöhnlichen Kerngeschäft des Unternehmens entspringt.

Zum neutralen Ertrag rechnen:

1 - **betriebsfremder Ertrag:**
Die Erträge resultieren nicht aus dem üblichen Geschäft des Unternehmens sondern aus betriebsfremden Aktivitäten (z.B. Spekulationsgewinne).

2 - **außergewöhnlicher Ertrag:**
Die Erträge stammen aus einmaligen, nicht wiederkehrenden Ereignissen (z.B. Schuldenerlass).

3 - **bewertungsbedingter Ertrag:**
Erträge, die aus der Unterbewertung bzw. periodefremden Bewertung von Vermögensteilen resultieren (z.B. Verkauf einer Anlage über dem Buchwert).

(2) Ordentlicher Ertrag

Zum ordentlichen Ertrag gehören:

- Umsatzerlöse
- Bestandsmehrung
- Fertigfabrikate.

(vgl. Wöhe/Döring 2005, S. 816)

Ähnlich wie zwischen Aufwand und Kosten zu unterscheiden ist, so existiert auch zwischen **Ertrag und Leistung** neben einer gemeinsamen Schnittmenge ein divergierender Bereich. Während jeder Vermögenszuwachs in einer Periode als Ertrag bezeichnet wird, spricht man von Leistung nur dann, wenn die Wertmehrung aus dem eigentlichen Betriebszweck resultiert. Die Leistung ist daher im wesentlichen mit dem ordentlichen Ertrag identisch.

1.2.4 Erfolg

Zu den wesentlichen Aufgaben des Rechnungswesens gehört die Feststellung des unternehmerischen Erfolges zum Ende eines Rechnungsjahres.

Abb. 9: Gesamtergebnis und Betriebsergebnis

Ertrag - Aufwand
Gesamtergebnis
- neutrales Ergebnis
Ordentliches Ergebnis
- Zusatzkosten
Betriebsergebnis

(vgl. Wöhe/Döring 2005, S. 819)

Durch Saldierung von Erträgen und Aufwendungen erhält man das Gesamtergebnis, die Reinvermögensänderung. Ist letztere positiv, spricht man von Gewinn, ist sie negativ, ist ein Verlust eingetreten. Nach Abzug von neutralem Ergebnis und Zusatzkosten ergibt sich das Betriebsergebnis als Ergebnis der gewöhnlichen Geschäftstätigkeit.

Die nachfolgende Abbildung gibt einen zusammenfassenden Überblick über die Grundbegriffe der Finanz- und Betriebsbuchhaltung.

Abb. 10: Grundbegriffe der Finanz- und Betriebsbuchhaltung im Überblick

Finanzbuchhaltung Bilanz plus Gewinn- und Verlustrechnung; Erfassung der wertmäßigen Außenbeziehungen des Betriebes

Bestandsgröße	Strömungsgrößen Positive Bestandsveränderung	Strömungsgrößen Negative Bestandsveränderung
Zahlungsmittelbestand = Kasse + jederzeit verfügbare Bankguthaben	**Einzahlung**	**Auszahlung**
Geldvermögen = Zahlungsmittelbestand + übrige Forderungen ./. Verbindlichkeiten	**Einnahme**	**Ausgabe**
Reinvermögen = Geldvermögen + Sachvermögen	**Ertrag**	**Aufwand**
	Leistungen	**Kosten**

Betriebsbuchhaltung Kosten- und Leistungsrechnung; Erfassung des betriebsbedingten Wertezugangs bzw. Werteverzehrs

1.4 Wiederholungsfragen

	Lösungshinweise siehe Seite
1. Beschreiben Sie die Stellung und die Bedeutung des Rechnungswesens im betrieblichen Funktionszusammenhang.	1
2. Was versteht man unter Rechnungswesen?	2
3. Welche Aufgaben kommen dem betrieblichen Rechnungswesen zu?	3
4. Welche Teilbereiche gehören zum Rechnungswesen?	3
5. Unterscheiden Sie die Finanzbuchhaltung von der Betriebsbuchhaltung.	3
6. Wann spricht man von Einzahlungen bzw. Auszahlungen?	5
7. Wodurch sind Einnahmen bzw. Ausgaben gekennzeichnet?	5
8. Geben Sie je ein Beispiel für:	
• Einzahlungen, die keine Einnahmen sind.	6
• Einnahmen, die keine Einzahlungen sind.	8
• Ausgaben, die kein Aufwand sind.	10
• Aufwand, der keine Ausgabe ist.	11
• neutralen Aufwand.	12
• kalkulatorische Kosten.	13
9. Wodurch ist der neutrale Aufwand gekennzeichnet? Geben Sie drei wesensverschiedene Fälle eines neutralen Aufwandes an.	12
10. Geben Sie je ein Beispiel für:	14
• betriebsfremden Ertrag	
• außerordentlichen Ertrag und	
• bewertungsbedingten Ertrag.	
11. Welche Größen müssen vom Gesamtergebnis abgezogen werden, um zum Betriebsergebnis zu kommen?	15

2 Buchführung

2.1 Arten der Buchführung

In der Buchführung werden alle Geschäftsvorfälle eines Betriebes chronologisch erfasst und systematisch aufgezeichnet. Zusammen mit dem Inventar bildet sie die Grundlage für die Erstellung des Jahresabschlusses (Bilanz, Gewinn- und Verlustrechnung).

Grundsätzlich ist hierbei zwischen der kameralistischen Buchhaltung der öffentlichen Betriebe (Verwaltungen) und der kaufmännischen Buchhaltung der Unternehmen zu unterscheiden.

Kameralistische Buchhaltung beschränkt sich weitgehend auf eine Einnahmen-/Ausgabenrechnung. Der Erfolg eines Betriebes (Gewinn, Jahresüberschuss o.ä.) kann mit dieser einfachen Form der Buchhaltung nicht festgestellt werden. Die kameralistische Buchführung ist ein Instrument, um im Rahmen der Haushaltspläne die Einnahmen und Ausgaben der Exekutive durch die Legislative zu steuern. Von ihrer Grundorientierung bleibt sie auf der Ebene des Geldvermögens und kann Werterhöhungen und Wertverluste (Leistungen und Kosten) höchstens nachrichtlich ausweisen[1].

Die **einfache kaufmännische Buchhaltung** besteht im wesentlichen aus einer chronologischen Aufschreibung der Geschäftsvorfälle auf Bestandskonten, mit deren Hilfe sich durch Vermögensvergleich zum Periodenende der Betriebserfolg ermitteln lässt. Die Entstehung des Erfolges, die Entwicklung des Aufwandes und Ertrages sowie ihre Struktur werden von der einfachen Buchführung jedoch nicht erfasst. Ebenso fehlt die immanente Kontrolle der Buchungen, da jeder Vorfall nur einfach gebucht wird. Eine systematische Aufspaltung in bestands- und erfolgswirksame Geschäftsvorfälle findet nicht statt. Die einfache kaufmännische Buchführung ist deswegen nur für Kleinstbetriebe geeignet, deren Geschäftstätigkeit auch ohne umfangreiches Rechnungswesen überschaubar bleibt. Als Kontroll- und Steuerungsinstrument größerer Unternehmen ist sie ungeeignet.

Die **doppelte kaufmännische Buchhaltung** (Doppik) ist der einfachen kaufmännischen Buchhaltung überlegen und dominiert in der Praxis. Die doppelte Buchführung basiert auf dem Prinzip von Buchung und Gegenbuchung, d.h.

---

[1] Vgl. Oettle, 1993

jeder Geschäftsvorfall wird doppelt erfasst. Dadurch ist zum einen eine immanente Kontrolle der Buchhaltung gewährleistet, zum anderen kennt sie neben den Bestandskonten eigenständige Erfolgs- und Finanzkonten und ermöglicht somit eine differenzierte Erfassung und Analyse sämtlicher Finanz- und Leistungsprozesse innerhalb der Unternehmung. Die doppelte kaufmännische Buchführung ist deshalb ein unentbehrliches **Instrument der Unternehmensführung**.

In ihrer heutigen Form ist die Doppik das Ergebnis eines Entwicklungsprozesses, der bis ins Mittelalter zurückreicht. Sie hat ihren Ursprung in den Geschäftspraktiken von Kaufleuten aus den Handelszentren des mittelalterlichen Italien. Sie lässt sich vor allem in Venedig, aber auch in Genua und Florenz bis in das 14. Jahrhundert zurück verfolgen. Von hier aus fand das Prinzip der doppelten Buchführung rasche Verbreitung in ganz Europa. In Deutschland führte bereits im 15. Jahrhundert Jacob Fugger (1459 - 1525) seine Bücher nach venezianischem Vorbild. Noch heute verweisen viele Begriffe aus der Terminologie der Buchführung (z.B. Bilanz, Agio) auf ihren geschichtlichen Ursprung.

2.2 Grundsätze ordnungsgemäßer Buchführung (GoB)

Zur Buchführung ist jeder Kaufmann verpflichtet. Er hat "Bücher" zu führen und in diesen seine Handelsgeschäfte und die Lage seines Vermögens nach den Grundsätzen ordnungsmäßiger Buchführung (GoB) ersichtlich zu machen. Die Buchführung muss so beschaffen sein, dass sie einem sachverständigen Dritten innerhalb angemessener Zeit einen Überblick über die Geschäftsvorfälle und über die Lage des Unternehmens vermitteln kann. Die Geschäftsvorfälle müssen sich in ihrer Entstehung und Abwicklung verfolgen lassen (§ 238 Abs. 1 HGB).

Die Grundsätze einer ordnungsgemäßen Buchführung, auf deren Einhaltung nach dem HGB Kaufleute und Unternehmen aller Rechtsformen (§ 243 Abs. 1 HGB; § 264 Abs. 2 HGB) verpflichtet sind, werden jedoch vom Gesetzgeber nicht abschließend formuliert. Vielmehr ergeben sich aus einer Vielzahl von handels- und steuerrechtlichen Einzelregelungen, der Rechtsprechung der Gerichte, der praktischen Übung ordentlicher Kaufleute, Erlassen und Weisungen von Behörden und nicht zuletzt der wissenschaftlichen Diskussion eine Vielzahl von Einzelaspekten, die im einschlägigen Schrifttum zusammengefasst als GoB dargestellt werden. Es handelt sich bei diesen Grundsätzen also nicht um ein abschließend formuliertes Regelwerk, sondern um eine ständig sich weiterentwickelnde Sammlung einzelner Prinzipien und Grundsätze. Die GoB können in drei Teilbereiche untergliedert werden.

Abb. 11: Grundsätze ordnungsgemäßer Buchführung (GoB)

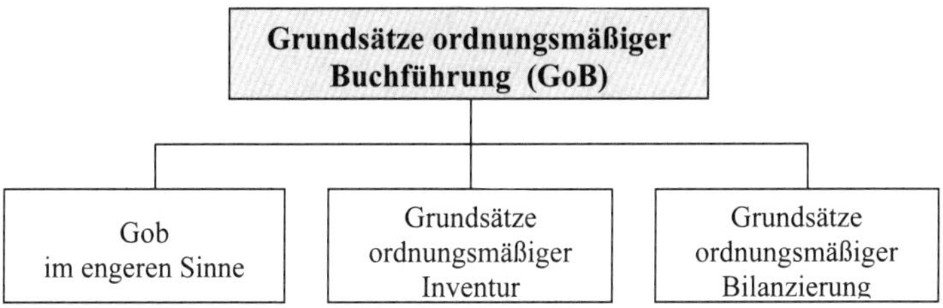

(Ditges/Arendt 2005, S. 19)

Die Ordnungsmäßigkeit der Buchführung im engeren Sinne kann unter einem materiellen und unter einem formellen Aspekt betrachtet werden.

Materiell ist die Buchführung ordnungsmäßig, wenn alle Aufzeichnungen inhaltlich richtig und wahrheitsgemäß sind. Dies bedeutet im einzelnen:

- alle Geschäftsvorfälle sind aufzuzeichnen;
- die Aufzeichnung muss der Wahrheit entsprechen;
- es dürfen keine Geschäftsvorfälle aufgezeichnet werden, die tatsächlich nicht stattgefunden haben;
- die Verbuchung muss auf dem richtigen Konto erfolgen.

Die **formelle** Ordnungsmäßigkeit beinhaltet folgende Prinzipien und Forderungen:

- Zeitgerechte und geordnete Aufzeichnung nach dem Grundsatz der Einzelerfassung und Nachprüfbarkeit;
- Führung der Bücher im Geltungsbereich des Grundgesetzes;

- Aufzeichnung in einer lebenden Sprache;
- keine nachträgliche Veränderung von Aufzeichnungen, die den ursprünglichen Inhalt unkenntlich machen;
- keine Buchung ohne Beleg (Belegprinzip);
- Aufbewahrungspflicht (§ 257 HGB):
  - **10 Jahre** sind aufzubewahren: Handelsbücher, Inventare, Jahresabschlüsse (Bilanzen, GuV) sowie alle hierzu gehörigen und für ihr Verständnis erforderlichen Unterlagen.
  - **6 Jahre** sind aufzubewahren: Geschäftskorrespondenz, Buchungsbelege und sämtliche Steuerunterlagen.

Ein bestimmtes Buchführungssystem beinhalten die Grundsätze einer ordnungsmäßigen Buchführung nicht, jedoch wird den Kapitalgesellschaften und Genossenschaften das System der doppelten Buchführung vorgeschrieben. Auch wenn ein bestimmtes Buchführungssystem nicht vorgeschrieben ist, so ist es dennoch ein Gebot der Ordnungsmäßigkeit der Buchhaltung, dass sie systematisch erfolgt, also nach bestimmten, immer gleichbleibenden Prinzipien vorgenommen wird.

2.3 Kontenrahmen und Kontenplan

Die Forderung nach einer systematischen Buchführung beinhaltet insbesondere die Notwendigkeit, die Buchhaltung zu gliedern. Zunächst werden Konten eingeführt, auf denen gleichartige Geschäftsvorfälle erfasst werden (s. unten 2.4). Dann werden ein Kontenrahmen und hierauf aufbauend ein detaillierter Kontenplan festgelegt, die gleichartige Konten in Klassen und Gruppen zusammenfassen. Eine verbindliche Festlegung auf einen bestimmten Kontenrahmen existiert nicht (mehr), so dass in der Praxis verschiedene Kontenrahmen zur Anwendung gelangen. Sie orientieren sich jedoch zumeist an zwei konkurrierenden Rahmenplänen, dem **Gemeinschaftskontenrahmen (GKR)** oder dem neueren **Industriekontenrahmen (IKR),** die beide vom Bundesverband der Industrie (BDI) entwickelt wurden. Beide Kontenrahmen sind nach einem dekatischen System gegliedert. Für die Buchungen der Geschäftsvorfälle werden zunächst 10 Kontenklassen gebildet, die durch weitere Untergliederungen über Kontengruppen und Kontenarten in Einzelkonten zerlegt werden.

Abb. 12: Systematik des Industriekontenrahmens nach Kontenklassen

Klasse 0	Aktivkonten	Bestands-konten	Finanz-buchhaltung
Klasse 1	Aktivkonten		
Klasse 2	Aktivkonten		
Klasse 3	Passivkonten		
Klasse 4	Passivkonten		
Klasse 5	Ertragskonten	Erfolgs-konten	
Klasse 6	Aufwandskonten		
Klasse 7	Aufwandskonten		
Klasse 8	Abschlussrechnung		
Klasse 9	Kosten- und Leistungsrechnung		**Betriebs-buchhaltung**

Die Kontenklassen 0 bis 4 umfassen die Bestandskonten, die in Aktiv- und Passivkonten unterteilt werden. Die Kontenklassen 5 bis 7 erfassen Ertrag und Aufwand und dienen der Erfolgsfeststellung. Die Kontenklasse 8 dient der Abschlussrechnung und die Klasse 9 ist der Betriebsbuchhaltung, also der Kosten- und Leistungsrechnung vorbehalten.

Im Kontenrahmen werden die Kontenklassen bis auf dreistellige Kontenarten ausdifferenziert.

Abb. 13: Gliederung des Industriekontenrahmens (IKR)

Konten des Bilanzbereichs (Beständerechnung)				
Aktivkonten			**Passivkonten**	
Klasse 0 Sachanlagen und immaterielle Anlagewerte 00 Ausstehende Einlagen auf das Kapital 01 Grundstücke mit Geschäfts- und Fabrikbauten 02 Grundstücke mit Wohnbauten 03 Grundstücke ohne (eigene) Bauten 05 Maschinen und maschinelle Anlagen 050 Maschinen und maschinelle Anlagen 059 Geringwertige Maschinen und maschinelle Anlagen 06 Betriebs- und Geschäftsausstattung 060 Betriebs- und Geschäftsausstattung 064 Fuhrpark 069 Geringwertige Wirtschaftsgüter der Betriebs- und Geschäftsausstattung 08 Anlagen im Bau und Anzahlungen auf Anlagen 09 Konzessionen und gewerbliche Schutzrechte	**Klasse 1** Finanzanlagen und Geldkonten 10 Beteiligungen 11 Wertpapiere des Anlagevermögens 12 Langfristige Ausleihungen 125 Ungesicherten Ausleihungen 126 Durch Pfandrechte gesicherte Ausleihungen 13 Besitzwechsel 130 Besitzwechsel 139 Protestwechsel 14 Schecks 15 Kassenbestand, Bundesbank- und Postscheckguthaben 150 Kasse 158 Bundesbank- oder Landeszentralbankguthaben 159 Postscheckguthaben 16 Guthaben bei Kreditinstituten 160 Bankguthaben 165 Guthaben bei anderen Kreditinstituten 17 Wertpapiere des Umlaufvermögens 18 Frei (bei Aktiengesellschaften eigene Aktien)	**Klasse 2** Vorräte, Forderungen und aktive Rechnungsabgrenzung 20 Roh-, Hilfs- und Betriebsstoffe 200 Rohstoffe und Fremdbauteile 2000 Rechnungsbeträge 2001 Bezugskosten 2002 Einstandspreiskorrekturen 201 Hilfsstoffe 202 Betriebsstoffe 21 Unfertige Erzeugnisse 22 Fertige Erzeugnisse, Handelswaren 220 Fertige Erzeugnisse 225 Handelswaren 23 Geleistete Anzahlungen für Gegenstände des Umlaufvermögens 24 Forderungen aus Lieferungen und Leistungen 240 Forderungen 249 Zweifelhafte Forderungen 25 Frei (Bei Aktiengesellschaften: Forderungen an verbundene Unternehmen) 26 Frei (Bei Kapitalgesellschaften: Forderungen aus Krediten an Vorstandsmitglieder usw.) 28 Sonstige Vermögensgegenstände 280 Vorsteuer 284 Forderungen an Belegschaftsmitglieder 289 Sonstige Forderungen 29 Aktive Rechnungsabgrenzung sowie Bilanzverlust	**Klasse 3** Eigenkapital, Wertberichtigungen und Rückstellungen a) bei Unternehmen, die das Jahresergebnis über das Eigenkapitalkonto abschließen 30 Eigenkapital A 300 Eigenkapitalbestand A 301 Privat A 31 Eigenkapital B 310 Eigenkapitalbestand B 311 Privat B usw. b) bei Unternehmen, die das Jahresergebnis nicht über das Eigenkapitalkonto abschließen 30 Grund- oder Stammkapital 31 Gesetzliche Rücklage 32 Andere Rücklagen (freie Rücklagen) 34 Sonderposten mit Rücklageanteil 35 Wertberichtigungen zu Sachanlagen 36 Wertberichtigungen zu Beteiligungen und zu Wertpapieren des Anlagevermögens 37 Pauschalwertberichtigung zu Forderungen 38 Pensionsrückstellungen 39 Andere Rückstellungen 390 Steuerrückstellungen 391 Sonstige Rückstellungen	**Klasse 4** Verbindlichkeiten und passive Rechnungsabgrenzung 40 Anleihen mit einer La[illegible] zeit von mindestens 4 Jahren 41 Verbindlichkeiten ge[illegible] über Kreditinstitute[illegible] mit einer Laufzeit v[illegible] mindestens 4 Jahren 42 Sonstige Verbindlichkeiten m[illegible] einer Laufzeit von mindestens 4 Jahren 420 Hypotheken und Grundschulden 421 Sonstige langfris[illegible] Verbindlichkeite[illegible] 43 Verbindlichkeiten au[illegible] Lieferungen und Leistungen 44 Schuldwechsel 45 Verbindlichkeiten gegenüber Kreditinstituten mit einer Laufzeit bis zu 4 Jahren 46 Erhaltene Anzahlung[illegible] 47 Frei (Bei Aktiengesellsc[illegible] ten: Verbindlichkei[illegible] gegenüber verbund[illegible] Unternehmen) 48 Sonstige Verbindlich[illegible] keiten 480 Umsatzsteuer 481 Noch abzuführen[illegible] Abgaben 483 Darlehen mit ein[illegible] Laufzeit bis zu 4 Jahren (nicht gegenüber Kredi[illegible] instituten) 49 Passive Rechnungsab[illegible] grenzung

(Fortsetzung IKR)

Konten des Ergebnisbereichs (Erfolgsrechnung)			Konten für Eröffnung und Abschluss	Konten der Kosten- und
Erträge	Aufwendungen		(Abschlussrechnung)	Leistungsrechnung
Klasse 5 Erträge 50 Umsatzerlöse 500 bis 504 Umsatzerlöse für Fertigerzeugnisse 505 Umsatzerlöse für Dienstleistungen 506 Umsatzerlöse für Patente, Lizenzen, Know how 507 Umsatzerlöse für Leasing 508 Umsatzerlöse für Handelswaren 509 Sonstige Umsatzerlöse 51 Bestandsveränderungen an fertigen und unfertigen Erzeugnissen 52 Andere aktivierte Eigenleistungen 53 Erträge aus Gewinngemeinschaften und Finanzanlagen 54 Sonstige Zinsen und ähnliche Erträge 540 Zinserträge 541 Diskonterträge 543 Dividendenerträge aus Wertpapieren des Umlaufvermögens 55 Erträge aus dem Abgang von Gegenständen des Anlagevermögens 56 Erträge aus der Herabsetzung der Pauschalwertberichtigung zu Forderungen 57 Erträge aus der Auflösung von Rückstellungen 58 Erträge aus der Auflösung von Sonderposten mit Rücklageanteil 59 Sonstige Erträge 590 Haus- und Grundstückserträge 591 Verschiedene sonstige Erträge	**Klasse 6** Material- und Personalaufwendungen, Abschreibungen 60 Aufwendungen für Roh-, Hilfs- und Betriebsstoffe sowie Handelswaren 62 Aufwendungen für Löhne und Gehälter 620 Löhne 621 Gehälter 63 Soziale Abgaben 64 Aufwendungen für Altersversorgung und Unterstützung 65 Sonstige Personalaufwendungen 66 Abschreibungen auf Sachanlagen und immaterielle Anlagewerte 660 Abschreibungen auf Geschäfts- und Fabrikbauten 661 Abschreibungen auf Wohnbauten 664 Abschreibungen auf sonstige Sachanlagen 667 Abschreibungen auf immaterielle Anlagewerte 67 Abschreibungen auf Finanzanlagen 68 Verluste aus Wertminderungen oder Abgängen im Umlaufvermögen 680 Verluste aus Wertminderungen oder Abgängen im Umlaufvermögen (außer Vorräten) 689 Abschreibungen auf Forderungen 69 Verluste aus dem Abgang von Anlagegütern	**Klasse 7** Zinsen, Steuern und sonstige Aufwendungen 70 Zinsen und ähnliche Aufwendungen 71 Steuern vom Einkommen vom Ertrag und vom Vermögen 710 Körperschaftsteuer 712 Gewerbesteuer 715 Grundsteuer 716 Vermögensteuer 72 Sonstige Steuern 73 Aufwendungen aus Verlustübernahme 74 Einstellungen in Sonderposten mit Rücklageanteil 75 Aufwendungen für diverses Material 750 Büromaterial 752 Verpackungsmater. 76 Aufwendungen für Inanspruchnahme von Rechten 760 Miet- und Pachtaufwendungen 761 Aufwendungen für Leasing 762 Aufwendungen für Konzessionen, Lizenzen 77 Aufwendungen für fremde Verkehrsleistungen 770 Kosten des Warenverkehrs 771 Kosten des Nachrichtenverkehrs 78 Sonstige Aufwendungen 780 Provisionen 781 Rechts- und Beratungskosten 782 Werbung 783 Besuchs- und Reisekosten 784 Beiträge und Gebühren 785 Versicherungsprämien 786 Haus- und Grundstücksaufwendungen 787 Verschiedene sonstige Aufwendungen	**Klasse 8** Eröffnung und Abschluss 80 Eröffnungsbilanzkonto 81 Gewinn- und Verlustkonto Unternehmen, die das Jahresergebnis nicht über das Eigenkapitalkonto abschließen, führen auch die Gruppen 82 - 87 82 Gewinnvortrag/Verlustvortrag aus dem Vorjahr 83 Einnahmen aus der gesetzlichen Rücklage 84 Entnahmen aus der freien Rücklage 85 Einstellung in die gesetzliche Rücklage 86 Einstellungen in die freie Rücklage 87 Bilanzgewinn/Bilanzverlust 870 Dividenden oder Ausschüttungen 871 Kapitalerhöhung aus eigenen Mitteln/ Kapitalherabsetzungen 872 Gewinnverwendung/ Verlustabdeckung 89 Schlussbilanzkonto	**Klasse 9** 90/91 Übergangskonten (zur Finanzbuchhaltung) 92 Abgrenzungskonten (zur Abspaltung der neutralen Aufwendungen und Erträge) 93 Kostenrechnerische Ausgleichskonten (zur Einführung kalkulatorischer Kosten) 94 Kostenartenkonten 95/96 Kostenstellenkonten 97 Kostenträgerkonten 98 Verkaufskonten 99 Ergebniskonten

Aus dem Kontenrahmen werden durch weitere Unterteilung die Konten des Kontenplans gebildet, die im allgemeinen mit vierstelligen Ordnungsziffern bezeichnet werden. Der **Kontenplan** ist die Gesamtübersicht über die Konten, gegliedert nach Kontenklassen, Kontengruppen und Kontenarten. Er gehört, wie die Geschäftsbücher selbst, zu den aufbewahrungspflichtigen Unterlagen der Buchhaltung.

Abb. 14: Beispiel für die Bildung des Kontenplans

Kontenklasse:	**4 Kostenarten**
Kontengruppe:	46 Steuern, Gebühren, Beiträge, Versicherungen
Kontenart:	**460 Steuern**
Konten:	4600 Vermögensteuer
	4601 Gewerbesteuer
	4602 Grundsteuer
	4604 Umsatzsteuer
	usw.
	462 Gebühren
	4620 Gebühren für den gewerblichen Rechtsschutz
	4621 Gebühren für den allgemeinen Rechtsschutz
	4625 Prüfungsgebühren
	466 Beiträge
	468 Versicherungen
	4680 Feuer-Versicherung
	4681 Diebstahl-Versicherung
	4682 Kfz-Versicherung
	usw.

Bei der Bildung der Einzelkonten sind die betrieblichen Belange zu berücksichtigen. Nach der jeweiligen Eigenart des Betriebes (Größe, Geschäftsschwerpunkte ...) können die einzelnen Kontenklassen mehr oder weniger stark differenziert werden.

2.4 Konten

Das System der doppelten Buchführung basiert auf dem Prinzip von Buchung und Gegenbuchung. Jeder Geschäftsvorfall wird also auf mindestens zwei Konten verbucht, einer Buchung muss demnach immer eine wertgleiche Gegenbuchung auf einem (oder mehreren) anderen Konto entsprechen. Der Saldo (Substraktion von Buchung und Gegenbuchung(en)) ergibt 0. Buchung und Gegenbuchung sind immer wertgleich aber mit entgegengesetztem Vorzeichen. Dieser Tatsache wird buchungstechnisch dadurch Rechnung getragen, dass Konten zweispaltig geführt werden. Die linke Spalte wird als **Soll**, die rechte Spalte des Kontos wird als **Haben** bezeichnet.

Abb. 15: Grundform eines Kontos

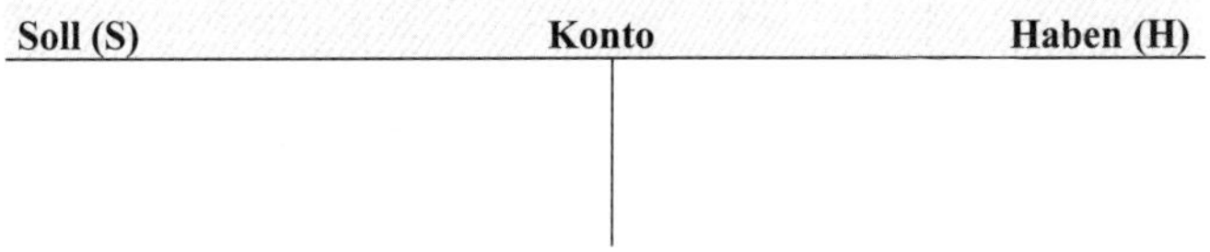

Die beiden Seiten des Kontos verhalten sich zueinander wie plus und minus, d.h. sie können durch Substraktion gegeneinander saldiert werden. Durch die Teilung des Kontos in eine Soll- und eine Haben-Seite kann in der Buchhaltung auf die Verwendung von Vorzeichen verzichtet werden. Statt dessen wird durch die Stellung auf der Soll- oder der Haben-Seite bestimmt, was wogegen verrechnet wird. Dies dient der besseren Übersichtlichkeit der Buchführung.

Abb. 16: Kontenform der Bilanz und der Gewinn- und Verlustrechnung

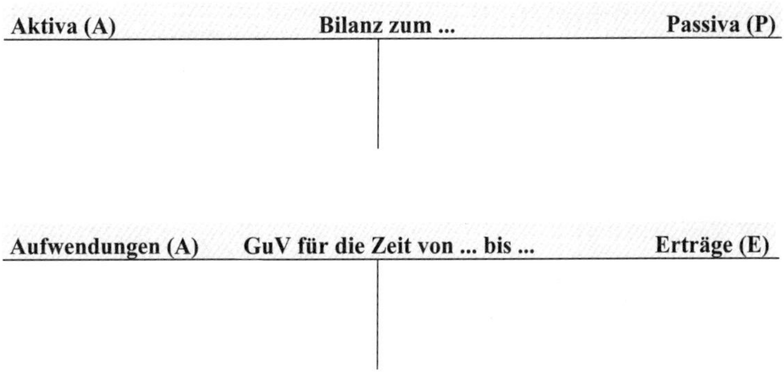

In der Bilanz treten an die Stelle der Begriffe Soll und Haben die Begriffe **Aktiva** und **Passiva**, in der Gewinn- und Verlustrechnung (GuV) werden **Aufwendungen** und **Erträge** gegenübergestellt.

Nach diesem Grundprinzip der Teilung der Konten in Soll und Haben ergeben sich für die vier Typen von Konten nach dem Kontenrahmen (Aktivkonten, Passivkonten, Aufwandskonten, Ertragskonten) folgende Buchungstatbestände, die in der nachffolgenden Übersicht gezeigt werden.

Abb. 17: Buchungsvorgänge in den Bestands- und Erfolgskonten

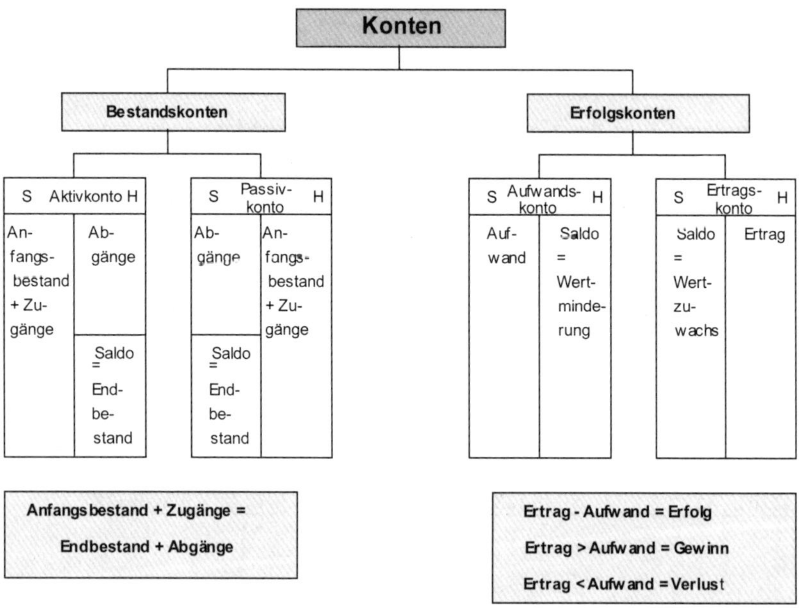

Die Bestandskonten sind untergliedert in Aktivkonten und Passivkonten. Die Aktivkonten beinhalten den Bestand und die Bewegung des Vermögens, die Passivkonten sind Kapitalkonten, die das Eigen- und das Fremdkapital des Betriebes erfassen. Analog sind die Erfolgskonten (Klasse 5 bis 7) in Aufwands- und Ertragskonten unterteilt.

Nach diesem vereinfachten Schema können sämtliche Geschäftsvorfälle des Unternehmens in der Buchhaltung erfasst werden. Es können hierbei vier verschiedene Typen von Buchungsvorgängen auftreten:

(1) Aktivtausch:
Umschichtung der Vermögensstruktur ohne Veränderung der Bilanzsumme.

Beispiel: Kauf einer Maschine gegen bar. Das Geldvermögen nimmt im gleichen Umfange ab wie das Sachvermögen vermehrt wird. Das Gesamtvermögen und damit die Bilanzsumme bleibt konstant.

(2) Passivtausch:
Umschichtung in der Kapitalstruktur ohne Veränderung der Bilanzsumme.

Beispiel: Die Begleichung einer Lieferantenrechnung per Banküberweisung unter Beanspruchung eines Kontokorrentkredits. Der Verringerung der Lieferantenverbindlichkeiten steht eine gleichgroße Erhöhung der Bankverbindlichkeiten gegenüber. Die Kapital- und damit die Bilanzsumme bleibt unverändert.

(3) Bilanzverlängerung:
Aktivkonto und Passivkonto erhöhen sich um den gleichen Betrag. Der Erhöhung des Vermögens entspricht also ein gleichhoher Zuwachs des Kapitals, was zu einer Erhöhung der Bilanzsumme führt.

Beispiel: Kauf einer Produktionsanlage, die durch ein Bankdarlehen finanziert wird. Dem Vermögenszuwachs durch den Zugang der Produktionsanlage steht eine betragsgleiche Erhöhung der Bankverbindlichkeiten gegenüber. Aktiv- und Passivseite der Bilanz, die Bilanzsumme also, erhöhen sich um den entsprechenden Betrag.

(4) Bilanzverkürzung: Aktivkonto und Passivkonto verringern sich um den gleichen Betrag. Einem Vermögensabgang steht in gleicher Höhe ein Kapitalabfluß gegenüber.

Beispiel: Bezahlung einer Lieferantenverbindlichkeit per Banküberweisung aus einem vorhandenen Bankguthaben. Sowohl das Vermögen (Bankguthaben) als auch das Kapital (Kreditorenbestand) nehmen in gleicher Höhe ab, die Bilanzsumme verkürzt sich entsprechend.

Buchungsfälle, die lediglich einen Aktivtausch oder einen Passivtausch darstellen, sind erfolgsunwirksam, da sie lediglich eine Umschichtung des Vermögens oder des Kapitals bewirken. Dagegen führen erfolgswirksame Buchungsfälle immer zu einer Bilanzverkürzung oder einer Bilanzverlängerung.

2.5 Buchungstechnik und Organisation der Buchhaltung

Buchungstechnisch setzt die doppelte Buchhaltung das Führen zweier Bücher voraus: Das Grundbuch (Journal), in dem alle Geschäftsvorfälle in chronologischer Reihenfolge aufgezeichnet werden und das Hauptbuch, das in die einzelnen Konten gegliedert ist. Soweit die Buchführung manuell erfolgt, kommen in der Praxis vor allem drei Systeme zur Anwendung:

- Die **Übertragungsbuchhaltung**: Sie besteht aus Grundbuch und Hauptbuch, die getrennt geführt werden. Die Geschäftsvorfälle werden im Grundbuch erfasst und sodann auf die Konten des Hauptbuches übertragen.
- Die **Tabellenbuchhaltung** (sog. amerikanisches Journal): In der Tabellenbuchhaltung werden Grund- und Hauptbuch in einem gemeinsamen Buch geführt.

Abb. 18: Tabellenbuchhaltung

Tag	Buchungstext	Betrag	Kasse		Bank		Waren-eingang		Waren-ausgang		...
			S	H	S	H	S	H	S	H	
Grundbuch			Hauptbuch								

(vgl. Eilenberger 1995, S. 46)

Der Nachteil der Tabellenbuchhaltung liegt darin, dass aufgrund des begrenzten Platzes zum Führen des Hauptbuches nur eine beschränkte Zahl von Konten geführt werden kann.

- Die **Durchschreibebuchführung** vermeidet diesen Nachteil, da sie als Lose-Blatt-Buchhaltung geführt wird. Hierbei werden auf einem Journal-Blatt (Grundbuch) die Geschäftsvorfälle in chronologischer Reihenfolge verbucht und im Durchschreibeverfahren auf Kontenblättern (Hauptbuch) gegengebucht. Unter den manuellen Verfahren ist dies das rationellste mit der geringsten Fehlerquote. Durch das Lose-Blatt-Verfahren ist die Zahl der geführten Konten nicht begrenzt.
- **Maschinelle Buchungsverfahren:** Die manuelle Buchführung ist zwischenzeitlich weitgehend durch DV-Systeme ersetzt worden. Diese Buchungsverfahren können im Wesentlichen als eine Adaption und Fortentwicklung des Durchschreibeverfahrens angesehen werden. Der Vorteil der DV-Verfahren liegt nicht nur in der rationelleren Abwicklung der Buchhaltung, sondern vor allem auch in der sehr viel größeren Schnelligkeit. Durch den Einsatz der DV in der Buchhaltung ist es möglich, die Buchführung quasi zeitgleich mit dem Geschäftsverlauf zu führen. Es ist infolgedessen jederzeit möglich, Zwischenbilanzen abzurufen oder wichtige Kennzahlen und Statistiken täglich zu berechnen und zu verfolgen.

Unabhängig von dem gewählten Buchhaltungssystem folgt der Vorgang des verbuchens grundsätzlich folgendem Ablaufschema:

Abb. 19: Verbuchung von Geschäftsvorfällen

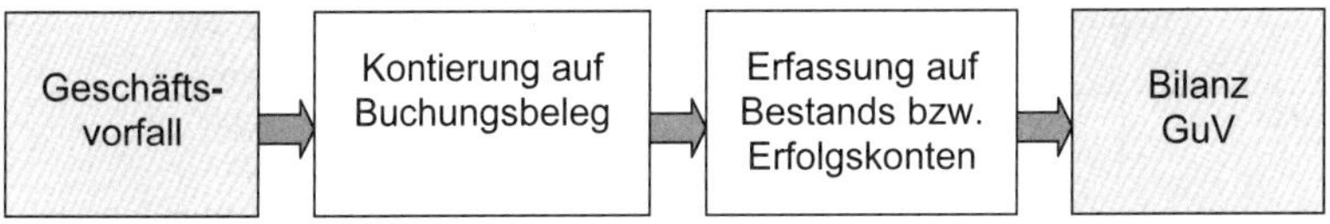

(vgl. Eilenberger 1995, S. 39)

Bevor ein Geschäftsvorfall in den Büchern erfasst werden kann, muss er belegt sein (keine Buchung ohne Beleg), ferner setzt die buchmäßige Erfassung des Vorganges die Kontierung des Beleges voraus. **Kontieren** bedeutet, dass die Konten, auf denen der Geschäftsvorfall verbucht werden soll, auf dem Beleg verzeichnet werden. Die Kontierung ist eine Buchungsanweisung. Es wird zunächst das Konto der Sollbuchung angegeben und dann das Haben-Konto, auf dem die Gegenbuchung erfolgt, aufgerufen. Die Konten können hierbei namentlich benannt werden.

Beispiel: Waren 7.000,-- € an Lieferantenverb. 7.000,--€.

Oder es können stattdessen die Nummern der Konten angegeben werden.

Beispiel: 2010 7.000,-- € an 4311 7.000,--€.

Dieser Buchungssatz bedeutet, dass die Verbuchung des Geschäftsvorfalles beim Warenkonto in der Soll-Spalte und bei dem Konto Lieferantenverbindlichkeiten in der Haben-Spalte gegengebucht wird. Schon aus diesem einfachen Beispiel wird die Leistung des Systems der doppelten Buchführung ersichtlich. Für den kundigen Prüfer der Buchhaltungsunterlagen kann noch im nachhinein aus der vollzogenen Buchung oder der im Buchungssatz gegebenen Buchungsanweisung die Art des zugrundeliegenden Geschäftvorfalles nachvollzogen werden. Bei dem Geschäftsvorfall, der hier verbucht werden soll, handelt es sich offenkundig um den Kauf von Waren im Wert von 7.000,-- €, genauer um Hilfsstoffe der Produktion, die jedoch, da sie bei den Lieferantenverbindlichkeiten gegengebucht werden, nicht sofort bezahlt wurden.

Die kontenmäßige Verbuchung dieses Geschäftsvorfalles ergibt sich unter Anwendung des T-Kontos folgendermaßen:

Waren

Soll	Haben
7.000	

Lieferverbindlichkeiten

Soll	Haben
	7.000

Nach dem obigen Buchungssatz wurden auf dem Warenkonto 7.000,-- € im Soll und auf dem Konto Lieferantenverbindlichkeiten 7.000,-- € im Haben gebucht.

Dieser Geschäftsvorfall entspricht einer Bilanzverlängerung von 7.000,-- €, da sowohl die Aktiv-Seite der Bilanz (Vermögen) als auch die Passiv-Seite der Bilanz (hier das Fremdkapital) um jeweils 7.000,-- € zunehmen.

2.6 Übungsbeispiele für die Buchung einfacher Geschäftsvorfälle[2]

Beispiel a: Die Unternehmung kauft Rohstoffe zum Gesamtpreis von 100.000,-- €, deren Bezahlung zur Hälfte in bar (Kasse) und zur Hälfte in Form eines Lieferantenkredits (Verbindlichkeit) erfolgt (in Klammern ist jeweils vermerkt, ob es sich um ein Aktivkonto -A- oder ein Passivkonto -P- handelt):

Buchungssatz:

Rohstoffe (A)	100.000
an Kasse (A)	60.000
an Verbindlichkeiten aus Lieferungen und Leistungen (P)	40.000

Rohstoffe (A)

Soll	Haben
Kasse/ Verbindlichkeiten aus Lief. u. Leistungen 100.000	

Verbindlichkeiten aus Lieferungen und Leistungen (P)

Soll	Haben
	Rohstoffe 40.000

Kasse (A)

Soll	Haben
	Rohstoffe 60.000

---

[2] bearbeitet nach Eilenberger 1995, S. 41/42

Beispiel b: Die Unternehmung tilgt einen Bankkredit der B-Bank in Höhe von 120.000 € und zwar so, dass sie 80.000 € von ihrem Guthaben bei einer anderen Bank und 40.000 € von ihrem Postbank-Konto an die Gläubigerbank überweist.

Buchungssatz:

Verbindlichkeiten gegenüber Kreditinstituten (P)	120.000
an Guthaben bei Kreditinstituten (A)	80.000
an Postbankguthaben (A)	40.000

Verbindlichkeiten gegen Kreditinstitute (P)

Soll	Haben
KI/PB 120.000	

Guthaben bei Kreditinstituten (A)

Soll	Haben
	Verb.KI 80.000

Guthaben bei der Postbank AG (A)

Soll	Haben
	Verb.KI 40.000

Beispiel c: Die Unternehmung beschafft einen Sonderposten Büromaterial im Umfang von 110.000 €, von dem sie einen Anteil von 20.000 € an eine andere (Konzern-) Unternehmung weiter zu veräußern beabsichtigt. Der Ausgleich erfolgt zum Teil durch Barzahlung (30.000 €), der Rest des Kaufpreises wird vom Lieferanten gestundet.

Buchungssatz:

Betriebs- und Gesschäftsausstattung (A)	90.000
Waren (A)	20.000
an Kasse (A)	30.000
an Verbindlichkeiten aus Lieferungen und Leistungen (P)	80.000

Betriebs- und Geschäftsausstattung (A)

Soll	Haben
90.000	

Verbindlichkeiten aus Lieferungen und Leistungen (P)

Soll	Haben
	80.000

Waren (A)

Soll	Haben
20.000	

Kasse (A)

Soll	Haben
	30.000

2.7 Eröffnungsbilanz und Abschlussbuchungen

Die Buchungen auf den Bestandskonten umfassen die Zu- und Abgänge der Aktiva und Passiva während einer Rechnungsperiode. Der Bestand am Ende der Rechnungsperiode (Endbestand; EB) ergibt sich aus dem Bestand am Beginn der Rechnungsperiode (Anfangsbestand; AB), erhöht um die Zugänge und vermindert um die Abgänge während dieses Zeitraumes. Die Erstellung eines Jahresabschlusses ist also nur unter Beachtung der Anfangsbestände möglich.

Zu einem vollständigen **Geschäftsgang** gehören deshalb folgende Vorgänge:

(1) Erstellung der Eröffnungsbilanz
Sie entspricht bei einem laufenden Betrieb der Schlussbilanz des Vorjahres.

(2) Verbuchung der angefallenen Geschäftsvorfälle
Hierzu werden die notwendigen Einzelkonten mit den Anfangsbeständen aus der Eröffnungsbilanz eröffnet, die Buchungssätze werden gebildet und die kontenmäßige Verbuchung wird durchgeführt.

(3) Erstellen der Schlussbilanz

Nach Durchführung aller Einzelbuchungen werden die Endbestände der Einzelkonten durch Saldierung ermittelt und in die Schlussbilanz umgebucht.

Beispiel (nur erfolgsunwirksame Geschäftsvorfälle):

Es liegt folgende Eröffnungsbilanz vor:

Bilanz zum 1. 1. 2006

A				P
Kfz		40.000	EK	90.000
Waren		70.000	Bankverb.	22.000
Kundenforderungen	(Kufo)	12.000	LV	15.000
Kasse		5.000		
		127.000		127.000

Im Laufe des Geschäftsjahres ereignen sich folgende Geschäftsvorfälle:

(1) Verkauf von Waren gegen bar	50.000,-- €
(2) Bareinzahlung auf Bankkonto	7.000,-- €
(3) Zahlung von Lieferantenverbindlichkeiten durch die Bank	15.000,-- €
(4) Einbringung einer Maschine durch den Eigentümer im Werte von	20.000,-- €

Zu diesen Geschäftsvorfällen sind folgende Buchungssätze zu bilden:

(1) Kasse	50.000,-- €	/ an Waren	50.000,-- €
(2) Bank	7.000,-- €	/ an Kasse	7.000,-- €
(3) Lieferantenverb.	15.000,-- €	/an Bank	15.000,-- €
(4) Maschinen	20.000,-- €	/an Eigenkapital	20.000,-- €.

Der nächste Schritt nach der Bildung der Buchungssätze ist nun die Eröffnung der Konten. Jedem Posten der Eröffnungsbilanz wird ein Konto zugeordnet, in das der entsprechende Anfangsbestand aus der Eröffnungsbilanz übertragen wird.

Wird für die Verbuchung eines Geschäftsvorfalles ein Konto benötigt, für das es in der Eröffnungsbilanz keinen entsprechenden Posten gibt, dann wird das Konto neu eröffnet und zwar ohne Anfangsbestand (in diesem Beispiel der Geschäftsvorfall Nr. 4).

Wenn die Konten eröffnet sind, werden die Geschäftsvorfälle verbucht. Nach der Verbuchung werden sämtliche Konten durch Saldierung und Ausweis des Endbestandes abgeschlossen.

Kfz

AB	40.000	EB	40.000

EK

EB	110.000	AB	90.000
		4.)	20.000
	110.000		110.000

Waren

AB	70.000	1.)	50.000
		EB	20.000
	70.000		70.000

Bank

2.)	7.000	AB	22.000
EB	30.000	3.)	15.000
	37.000		37.000

Kasse

AB	5.000	2.)	7.000
1.)	50.000	EB	48.000
	55.000		55.000

LV

3.)	15.000	AB	15.000

Kufo

AB	12.000	EB	12.000

Maschinen

4.)	20.000	EB	20.000

Dem Abschluss der Konten folgt die Erstellung der Schlussbilanz durch Umbuchung der Endbestände in die Schlussbilanz. Für das vorliegende Beispiel ergeben sich folgende Buchungssätze der Abschlussbuchungen:

Buchungssätze der Abschlussbuchungen:

SB	40.000 /	an Kfz	40.000	SB	20.000 /	an Masch	20.000
SB	20.000 /	an Waren	20.000	EK	110.000 /	an SB	110.000
SB	48.000 /	an Kasse	48.000	Bank	30.000 /	an SB	30.000
SB	12.000 /	an Kufo	12.000				

Entsprechend dieser Buchungssätze wird zum 31.12.2006 die Schlussbilanz erstellt:

Bilanz zum 31.12.2003

A			P
Kfz	40.000	EK	110.000
Maschinen	20.000	Bankverb.	30.000
Waren	20.000		
Kufo	12.000		
Kasse	48.000		
	140.000		140.000

Da es sich bei den gebuchten Geschäftsvorfällen ausschließlich um erfolgsunwirksame Tatbestände handelt, kann auf die Erstellung einer Gewinn- und Verlustrechnung verzichtet werden.

Bei der Erstellung der Eröffnungs- und der Schlussbilanz ist folgendes zu beachten:

- Die Posten der Eröffnungsbilanz müssen bei der Kontoeröffnung nur als Anfangsbestände in die entsprechenden Konten übertragen werden, d.h. die Aktivposten der Eröffnungsbilanz werden als Anfangsbestände auf die Soll-Seite der entsprechenden Konten übertragen, die Passivposten der Eröffnungsbilanz werden als Anfangsbestände auf die Haben-Seite der jeweiligen Konten übertragen, eine Umbuchung ist hierbei nicht erforderlich.

- Beim Abschluss der Konten in die Schlussbilanz ist hingegen eine Umbuchung erforderlich. Endbestände, die in den Konten im Soll stehen, werden auf die Passivseite der Schlussbilanz umgebucht, Endbestände im Haben der Konten werden auf die Aktivseite der Schlussbilanz umgebucht.

In dem obigen Beispiel wurde als Jahresabschluss lediglich eine Schlussbilanz erstellt, da keine erfolgswirksamen Geschäftsvorfälle stattgefunden hatten. Bezieht man in die Betrachtung die erfolgswirksamen Geschäftsvorfälle mit ein, so ist neben der Bilanz zum Jahresabschluss zusätzlich eine Gewinn- und Verlustrechnung (GuV) zu erstellen.

Abb. 20: Indirekte Verbuchung: Abschluss des GuV-Kontos bei variablem Eigenkapital

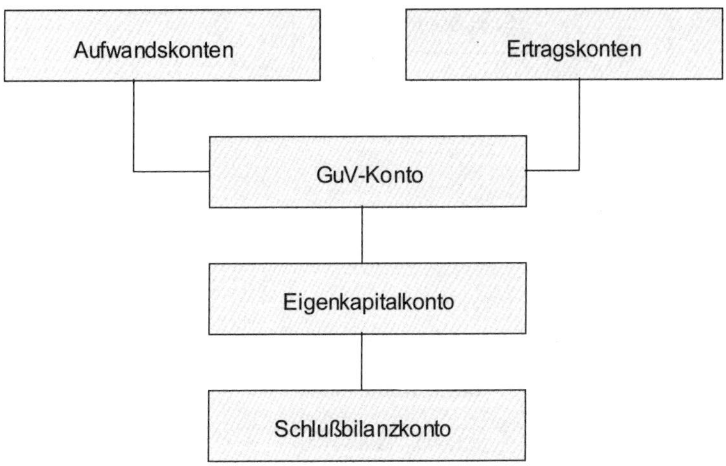

Über die Gewinn- und Verlustrechnung werden die Aufwands- und die Ertragskonten abgeschlossen. Hierbei werden die Aufwands- und die Ertragskonten zunächst durch Umbuchung auf ein zu errichtendes GuV-Konto umgebucht. Je nach Art des Eigenkapitals wird das GuV-Konto direkt oder über das Eigenkapitalkonto in die Schlussbilanz gebucht.

Abb. 21: Direkte Verbuchung: Abschluss des GuV-Kontos bei fixem Eigenkapital

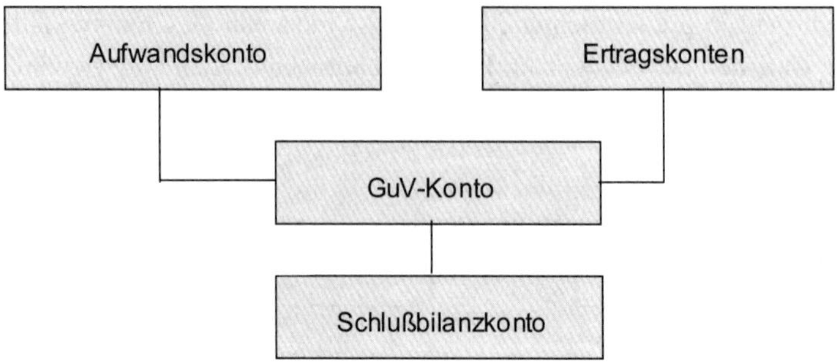

(Eilenberger 1995, S. 43)

Beispiel : Direkte Verbuchung des GuV-Kontos
(nur erfolgswirksame Geschäftsvorfälle)

Folgende Eröffnungsbilanz zum 1.01.2006 ist gegeben:

Bilanz zum 1.1.2006

A			P
Kasse	1.600,--	EK	1.000,--
		Bankverb.	600,--
	1.600,--		1.600,--

Es ereignen sich folgende Geschäftsvorfälle während des Geschäftsjahres:

(1) Der Betrieb zahlt 1.000,-- € Miete in bar.

(2) Dem Betrieb gehen Mieterträge in Höhe von 1.500,-- € zu.

Die Verbuchung der beiden Geschäftsvorfälle und die Erstellung der Schlussbilanz erfolgen in den nachfolgend genannten Arbeitsschritten.

1. Schritt:
Eröffnung der Bestandskonten (Kasse, Eigenkapital (EK) und Bank).

2. Schritt:
a) Verbuchung des 1. Geschäftsvorfalles (Mietaufwand); dazu muss ein Erfolgskonto Mietaufwand eröffnet werden. Der Buchungssatz lautet:

Mietaufwand	1.000,-- €	/	an Kasse	1.000,--€

b) Verbuchung des 2. Geschäftsvorfalles (Mietertrag); dazu wird ein Erfolgskonto Mietertrag eröffnet. Der Buchungssatz hierfür lautet:

Kasse	1.500,-- €	/	an Mietertrag	1.500,--€.

3. Schritt:

Abschluss der Erfolgskonten (Mietaufwand, Mietertrag) durch Umbuchung der Salden auf das neu einzurichtende GuV-Konto. Die Buchungssätze hierzu lauten:

GuV	1.000,-- €	/	an Mietaufwand	1.000,-- €
Mietertrag	1.500,-- €	/	an GuV	1.500,--€.

4. Schritt:

Abschluss der Bestandskonten (Kasse, EK, Bank) und des GuV-Kontos durch Umbuchung der durch Saldierung erhaltenen Endbestände (EB) in die Schlussbilanz (SB).

Buchungssätze:

SB	2.100,-- €	/	an Kasse	2.100,-- €
Eigenkapital (EK)	1.000,-- €	/	an SB	1.000,--€
Bank	600,-- €	/	an SB	600,-- €
GuV	500,-- €	/	an SB	500,-- €

Kasse

AB		1.600	1.)	Mietaufwand	1.000
2.)	Mietertrag	1.500	EB		2.100
		3.100			3.100

EK

EB	1.000	AB	1.000

Bank

EB	600	AB	600

Mietaufwand

1.) Kasse	1.000	G+V	1.000

Mietertrag

G+V	1.500	2.) Kasse	1.500

Durch Umbuchung entsprechend den oben gebildeten Buchungssätzen wird nun die Gewinn- und Verlustrechnung für den Zeitraum vom 01.01.2006 bis zum 31.12. 2006 und die Bilanz zum Stichtag 31.12. 2006 erstellt.

GuV-Rechnung vom 1.1. bis 31.12. 2006

Aufwand			Ertrag
Mietaufwand	1.000,--	Mietertrag	1.500,--
Gewinn (SB)	500,--		
	1.500,--		1.500,--

Bilanz zum 31.12.2006

A			P
Kasse	2.100,--	EK	1.000,--
		Bankverbindungen	600,--
		Gewinn (GuV)	500,--
	2.100,--		2.100,--

Der in der Gewinn- und Verlustrechnung ausgewiesene Schlussbestand von 500,-- € entspricht dem Gewinn des Betriebes in der Abrechnungsperiode. Er wird durch Umbuchung auf die Passivseite der Bilanz übernommen. Dieses Verfahren ist üblich bei Unternehmen mit einem festen Eigenkapital z. B. bei Aktiengesellschaften.

Beispiel: Indirekte Verbuchung des Gewinns über das Eigenkapitalkonto (nur erfolgswirksame Geschäftsvorfälle)

Bei Unternehmen mit variablem Eigenkapital ist es üblich, den Gewinn über das Eigenkapitalkonto zu verbuchen. Die Verbuchung des Erfolges in dem obigen Beispiel sieht dann wie folgt aus:

Buchungssätze:

GuV	500,-- €	/	an EK	500,-- €
EK	1.500,-- €	/	an SB	1.500,-- €.

A	G+V vom 01.01. - 31.12. 2003		E
Mietaufw.	1.000	Mietertrag	1.500
Gewinn (EK)	500		
	1.500		1.500

	EK		
EB (SB)	1.500	AB	1.000
		Gewinn (G+V)	500
	1.500		1.500

A	Bilanz zum 31.12. 2003		P
Kasse	2.100	EK	1.500
		Bankverb.	600
	2.100		2.100

In dem in der Schlussbilanz ausgewiesenen Eigenkapital von 1.500,-- € ist also der Gewinn von 500,-- € enthalten, er wird nicht gesondert ausgewiesen.

Bei Unternehmen mit variablem Eigenkapital wird zusätzlich zum Eigenkapitalkonto im allgemeinen ein Privatkonto geführt. Denn der Betriebsinhaber braucht für seine private Lebenshaltung Geld, Dienstleistungen und Sachgüter aus seinem Betrieb. Solche Privatentnahmen sind keine betrieblichen Aufwendungen, sondern sie stellen einen vorweg genommenen Gewinn dar und bewirken schon vor dem Ende der Abrechnungsperiode eine Verringerung des im Unternehmen arbeitenden Eigenkapitals. Privatentnahmen und Privateinlagen des Betriebsinhabers würden also eigentlich über das Eigenkapitalkonto zu verbuchen sein. Zur Wahrung der Übersichtlichkeit des Eigenkapitalkontos wird jedoch ein Unterkonto eingerichtet, das Privatkonto. Auf diesem Privatkonto werden sämtliche Entnahmen auf der Soll-Seite und sämtliche Einnahmen auf der Haben-Seite verbucht. Beim Abschluss des Privatkontos am Ende der Abrechnungsperiode wird der Endbestand in das Eigenkapitalkonto umgebucht.

Beispiel: Buchung mit Privatkonto

Es liegt folgende Eröffnungsbilanz zum 1.1.2006 vor:

Bilanz zum 1.1.2006

A			P
Kasse	1.600,--	EK	1.000,--
		FK	600,--
	1.600,--		1.600,--

Geschäftsvorfälle:

1) Bareinlage des Inhabers 1.500,-- €.

2) Barzahlung an das Finanzamt für Kirchensteuern 1.000,-- €.

Buchungssätze:

1.	Kasse	1.500,-- /	an Privat	1.500,--
2.	Privat	1.000,-- /	an Kasse	1.000,--

Kasse

AB		1.600	2.)	Privat	1.000
1.)	Privat	1.500	EB		2.100
		3.100			3.100

FK

EB	600	AB	600

EK

EB	1.500	AB	1.000
		Privat	500
	1.500		1.500

Privat

2.)	Kasse	1.000	1.)	Kasse	1.500
EB	(EK)	500			
		1.500			1.500

Bilanz zm 31.12.2006

A			P
Kasse	2.100	EK	1.500
		FK	600
	2.100		2.100

Buchungssatz für den Abschluss des Privatkontos:

Privat	500	/ an EK	500

Buchungssätze für die Abschlussbuchungen:

SB	2.100	/ an	Kasse	2.100
EK	1.500	/ an	SB	1.500
FK	600	/ an	SB	600

Ermittlung des Betriebsergebnisses durch Bilanzvergleich:

$$\text{Ergebnis} = EK_1 - EK_0 + \text{Entnahmen} - \text{Einlagen}$$

$$= 1.500 - 1.000 + 1.000 - 1.500 = \underline{\underline{0,00}}$$

In diesem Fall weist das Betriebsergebnis also keinen positiven oder negativen Saldo auf, d.h., es wurde weder Gewinn noch Verlust gemacht.

2.8 Wiederholungsfragen

	Lösungshinweise siehe Seite
12. Beschreiben Sie kurz die kameralistische, die einfache und die doppelte kaufmännische Buchführung.	19/20
13. Welches sind die materiellen und formellen Aspekte der Grundsätze ordnungsgemäßer Buchführung im engeren Sinne.	21
14. Welche Aufbewahrungsfristen gelten für die verschiedenen Unterlagen der Buchhaltung?	22
15. In welche Kontenklassen teilt sich der Industriekontenrahmen (IKR) des Bundesverbandes der Deutschen Industrie?	23
16. Was ist ein Konto?	27
17. Wie sind die Spalten eines T-Kontos beschriftet?	27
18. Erläutern Sie die vier Typen von Buchungsvorgängen.	28
19. Welche vier Buchungstechniken können unterschieden werden?	30/31
20. In welchen Arbeitsschritten werden Geschäftsvorfälle verbucht.	31
21. Was ist ein Buchungssatz?	32
22. Was versteht man unter direkter und indirekter Verbuchung beim Abschluss des GuV-Kontos?	39/40

3 Inventur

3.1 Einführung

Neben der laufenden Buchführung ist die **Inventur,** also die Erstellung eines **Inventars,** eine notwendige Vorarbeit für den Jahresabschluss. Die Inventur ist nicht direkt vorgeschrieben. Die Pflicht zur körperlichen Bestandsaufnahme ergibt sich aber indirekt aus den §§ 240, 241 HGB. Die Inventur soll zum Bilanzstichtag vorgenommen werden; dies bedeutet nicht, dass sie immer am Bilanzstichtag selbst durchgeführt wird. Die Bestandsaufnahme muss jedoch zeitnah zum Bilanzstichtag erfolgen.

Die Inventur ist eine körperliche Bestandsaufnahme sämtlicher Vermögens- und Schuldenbestände eines Unternehmens. Im einzelnen sind in das Inventar aufzunehmen und mit Werten zu versehen:

- Gegenstände des Anlagevermögens (materielle und immaterielle Vermögensgegenstände)
- Forderungen und Verbindlichkeiten
- der Betrag baren Geldes
- sonstige Vermögensgegenstände.

Das Inventar ist also ein Bestandsverzeichnis dieser betrieblichen Vermögens- und Schuldenbestände. Es stellt die Bestände nach Art, Menge und Wert zum Bilanzstichtag fest.

3.2 Methoden der Inventur

Grundsätzlich kann die Durchführung der Inventur nach verschiedenen Methoden erfolgen.

Abb. 22: Methoden der Inventur

Stichtags-inventur	**Verlegte Inventur**	**Permanente Inventur**	**Stichproben-inventur**

(vgl. Ditges/Arendt 2005, S. 53)

(1) **Stichtagsinventur**

Die traditionelle Form der Inventur ist die Stichtagsinventur. An einem Tag oder an mehreren Tagen (am Bilanzstichtag evtl. auch kurz vorher oder nachher, ‚zeitnah') erfolgt eine körperliche Bestandsaufnahme der gesamten Vermögens- und Schuldenbestände. Erfolgt die Inventur am Bilanzstichtag selbst, so können die ermittelten Werte unmittelbar in das Inventar übernommen werden, findet sie kurz vorher oder nachher statt (maximal 10 Tage) so sind die Wertansätze im Inventar um die seitdem bis zum Bilanzstichtag eingetretenen oder eintretenden Veränderungen zu korrigieren (Wertfortschreibung bzw. Wertrückschreibung).

Die Stichtagsinventur hat den Vorteil der zeitrichtigen Bestandserfassung, d.h. Abweichungen von den tatsächlichen Beständen können nicht oder nur in sehr geringem Umfange auftreten.

Sie hat andererseits jedoch auch gravierende Nachteile:

- Der Betrieb muss in der Regel für einen oder mehrere Tage geschlossen werden, die Produktionsabläufe werden unterbrochen.
- Die Unterbrechung der Produktion ist nicht überall möglich (z.B. eisenschaffende Industrie).
- Fehlerhafte Bestandsaufnahme, da alles verfügbare Personal eingesetzt werden muss, auch solches, das für diese Aufgabe wenig geeignet ist.
- hohe Kosten.

Aus den genannten Gründen sind die Betriebe geneigt, wo immer dies möglich ist, nach anderen Methoden das Inventar festzustellen.

(2) **Verlegte Inventur**

Alternativ zur Stichtagsinventur ist es erlaubt (§ 241.3 HGB), das Inventar zu einem Stichtag innerhalb von 3 Monaten vor oder 2 Monaten nach dem Bilanzstichtag zu erheben **(verlegte Inventur)**. Es ist dann jedoch sicherzustellen, dass durch wertmäßige Bestandsfortschreibung oder -rückrechnung das tatsächliche Inventar auf den Bilanzstichtag hin festgestellt werden kann. Das aus einer verlegten Inventur hervorgegangene Inventar wird als **besonderes Inventar** bezeichnet.

Die verlegte Inventur hat für den Betrieb den Vorteil, dass nicht die gesamten Bestände zu einem Termin erhoben werden müssen, vielmehr besteht die Möglichkeit, die Inventur über insgesamt 5 Monate zu verteilen.

(3) **Permanente Inventur**

Unter bestimmten Voraussetzungen kann die Inventur in Form einer sog. **permanenten Inventur** auch über das gesamte Jahr durchgeführt werden. Voraussetzung hierfür ist, dass der Betrieb buchmäßige Unterlagen führt (Lagerbücher, Lagerkarteien). Anhand dieser Lagerbuchführung sind alle Zu- und Abgänge im Bestand festzuhalten und nachzuvollziehen. Die körperliche Bestandsaufnahme kann dann zu einem beliebigen Zeitpunkt während des Jahres vorgenommen werden, so dass anhand der geführten Unterlagen durch Fortschreibung der tatsächliche Bestand zum Bilanzstichtag jederzeit festgestellt werden kann. Ausgenommen von der permanenten Inventur sind Gegenstände, bei denen nach ihrer Art unkontrollierte Bestandsverringerungen auftreten können, etwa durch Schwund, Verdunsten, Verderb u.ä.. Ebenso dürfen besonders wertvolle Wirtschaftsgüter nicht nach dieser Methode erfasst werden.

Die permanente Inventur ist für solche Betriebe ungeeignet, deren Vermögens- und Warenbestände derart differenziert sind, dass eine Lagerbuchhaltung einen unverhältnismäßig hohen Aufwand erfordern würde.

Von derartigen Ausnahmen abgesehen, kann die permanente Inventur für die Betriebe von Vorteil sein:

- Die Inventur verteilt sich über das ganze Jahr
- Abzug von Personal, tageweise Betriebsschließung etc. sind nicht erforderlich.
- Die Kontrolle der einzelnen Betriebsteile wird verstärkt, vor allem dann, wenn die Inventurtermine den Betroffenen nicht vorab bekannt sind.
- Die Bestandsaufnahme steht nicht unter Zeitdruck, kann also genauer und gewissenhafter durchgeführt werden.

(4) **Stichprobeninventur**

Die bisher genannten Methoden der Inventur beinhalten jeweils eine Vollerhebung aller betrieblichen Bestände. Damit ist regelmäßig ein sehr hoher Arbeitsaufwand verbunden. Dieser Aufwand könnte verringert werden, wenn auf die vollständige körperliche Bestandsaufnahme verzichtet würde und stattdessen Stichprobenerhebungen durchgeführt würden, auf deren Grundlage die tatsächlichen Gesamtbestände errechnet (‚hochgerechnet') werden könnten. Diese Vorgehensweise ist jedoch nur in Ausnahmefällen erlaubt. Es ist dann insbesondere sicherzustellen und nachzuweisen, dass der Aussagewert einer aufgrund einer Stichprobe durchgeführten Inventur nicht geringer ist als im Falle der Anwendung anderer Methoden.

3.3 Grundsätze ordnungsmäßiger Inventur

Wie für die Buchführung, so gelten auch für die Inventur bestimmte Grundsätze, die zu beachten sind. Zu den **Grundsätzen ordnungsmäßiger Inventur** zählen insbesondere:

(1) Vollständigkeit und Richtigkeit
Es müssen sämtliche Bestände erfasst und mit zutreffenden Wertansätzen im Inventar aufgeführt sein. Es dürfen insbesondere nicht über das Verschweigen von Vermögensgegenständen oder ihre Unterbewertung verdeckte Reserven gebildet werden.

(2) Genauigkeit
Es ist bei der Bestandsaufnahme die größtmögliche Genauigkeit in der mengen- und wertmäßigen Erfassung anzustreben. Dies bedeutet im allgemeinen, dass die Mengenermittlung durch Abzählen, Wiegen oder andere Meßmethoden erfolgt. Nur dort, wo die Mengenerfassung einen unverhältnismäßig hohen Aufwand verursachen würde, ist die Schätzung erlaubt (z.B. Schätzung des Volumens oder der Tonnage einer Kohlenhalde).

(3) Klarheit und Nachprüfbarkeit
Das Inventar muss sämtliche Bestände einzeln erfassen und genau und verständlich bezeichnen. Es muss im Rahmen einer Prüfung möglich sein, die im Inventar verzeichneten Gegenstände zu identifizieren.

3.4 Wiederholungsfragen

	Lösungshinweise siehe Seite
23. Unterscheiden Sie die Begriffe Inventur und Inventar.	47
24. Was ist im einzelnen im Inventar zu verzeichnen?	47
25. Erläutern Sie die nachfolgend genannten Begriffe.	
- Stichtagsinventur	48
- verlegte Inventur	48
- permanente Inventur	49
- Stichprobeninventur	50
26. Welches sind die Nachteile der Stichtagsinventur?	48
27. Nennen und erläutern Sie die wichtigsten Vorteile der permanenten Inventur.	49
28. Nennen Sie die Grundsätze einer ordnungsgemäßen Inventur.	50

4 Jahresabschluss

4.1 Bestandteile, Aufgaben und Adressaten des Jahresabschlusses

Auf der Grundlage der Buchhaltung und des Inventars wird der **Jahresabschluss** erstellt. Für praktisch alle Unternehmen gleich welcher Rechtsform umfasst der Jahresabschluss in seiner Mindestform die Bilanz zum Bilanzstichtag und eine Gewinn- und Verlustrechnung (GuV) über das abgelaufene Geschäftsjahr. Für eine Reihe von Unternehmen (z.B. Kapitalgesellschaften) ist darüber hinaus ein Anhang, der die einzelnen Positionen der Bilanz und der GuV erläutert, sowie ein Bericht zur Lage und Entwicklung des Unternehmens (Lagebericht) vorgeschrieben.

Abb. 23: Bestandteile des Jahresabschlusses

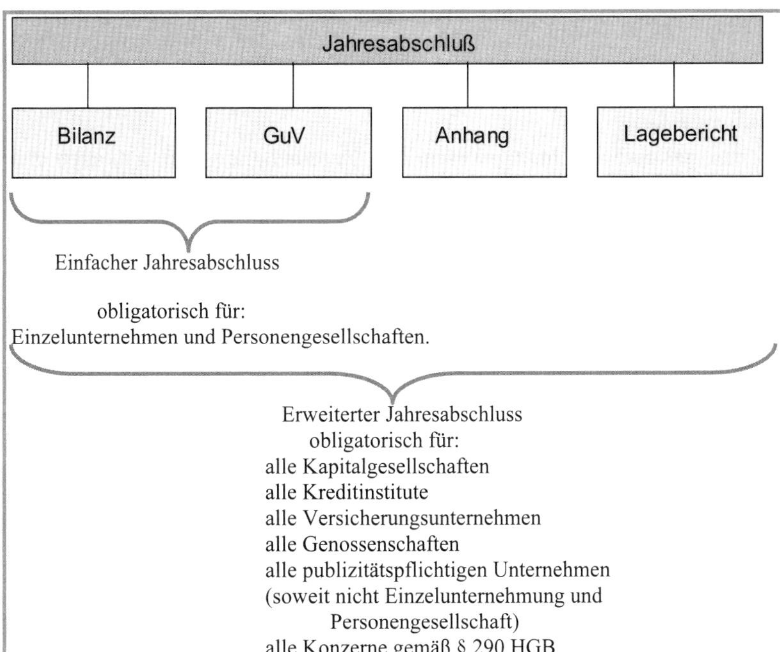

(vgl. Heinold 1995, S.55; Wöhe/Döring 2005, S. 834)

Die Erstellung des Jahresabschlusses, insbesondere der Bilanz und der GuV, ist aus verschiedenen Gründen erforderlich, da dem Jahresabschluss eine ganze Reihe von Aufgaben und Funktionen zufallen.

Abb. 24: Aufgaben des Jahresabschlusses

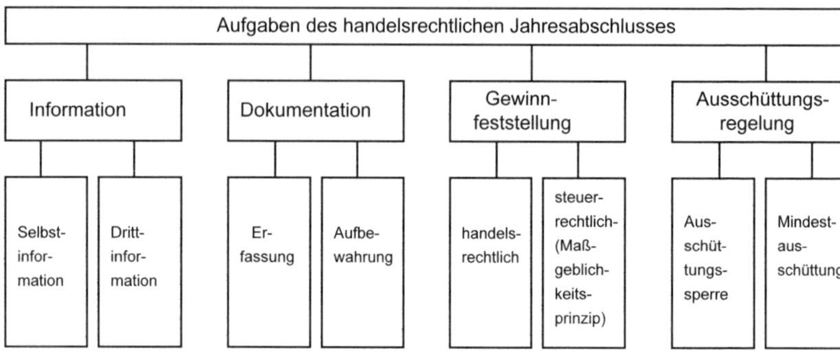

(1) **Information**

Wie das gesamte Rechnungswesen der Unternehmung, so hat auch der Jahresabschluss die Funktion, das Management über die Lage und die Entwicklung der Vermögens- und der Ertragslage zu informieren. Der Jahresabschluss ist damit zusammen mit den übrigen Informationen, die das Rechnungswesen liefert, eine wesentliche Grundlage für Entscheidungen der Betriebsführung (Selbstinformation).

Im Gegensatz zu den übrigen Teilen des Rechnungswesens kommt dem Jahresabschluss darüber hinaus aber auch die Aufgabe zu, externe Interessenten am Unternehmensgeschehen über dessen wirtschaftliche Entwicklung zu informieren (Fremdinformation). Der Jahresabschluss kennt also sehr unterschiedliche Adressaten.

Abb. 25: Adressaten des Jahresabschlusses

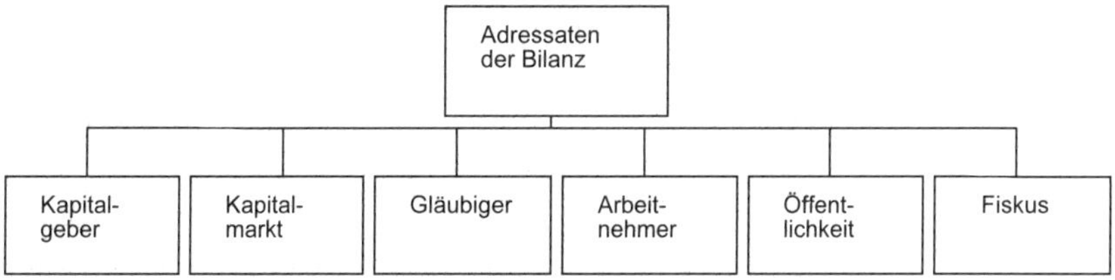

(Ditges/Arendt 2005, S. 28)

Um dieser externen Informationsaufgabe Nachdruck zu verleihen, sind aufgrund verschiedener gesetzlicher Bestimmungen die externen Informationspflichten der Unternehmen in Bezug auf den Jahresabschluss als Mindestnormen festgelegt. Zu diesen Informationspflichten gehört u.a.:

- Der Jahresabschluss ist bei Kapitalgesellschaften den Gesellschaftern (z. B. Aktionären) vorzulegen.
- Prüfungspflichtige Unternehmen (mittelgroße und große Kapitalgesellschaften) müssen den Jahresabschluss durch einen Wirtschafts- bzw. Buchprüfer prüfen lassen (§ 316.1 HGB). Der Prüfungspflicht unterliegen folgende Unternehmen:
  - Unternehmen mit einer Bilanzsumme von mehr als 3,438 Millionen €
  - Unternehmen mit Umsatzerlösen von mehr als 6,875 Millionen €
  - Unternehmen mit mehr als 50 Beschäftigten
- Der Jahresabschluss ist im Rahmen der steuerlichen Veranlagung der Finanzverwaltung mitzuteilen.
- Der Jahresabschluss ist nach den Bestimmungen des Handelsgesetzbuches und des Publizitätsgesetzes der interessierten Öffentlichkeit zugänglich zu machen. Zum einen sind alle Kapitalgesellschaften verpflichtet, den Jahresabschluss dem Handelsregister einzureichen. Das gilt ebenso für Einzelunternehmen und Personengesellschaften, wenn sie aufgrund des Publizitätsgesetzes publizitätspflichtig sind. Dies ist dann der Fall, wenn die Gesellschaften an drei aufeinanderfolgenden Stichtagen zwei der drei folgenden Kriterien erfüllen (§ 1 PubG):

- Bilanzsumme größer als 65 Millionen €
- Umsatzerlöse größer als 130 Millionen €
- Beschäftigtenzahl größer als 5.000 Mitarbeiter.

Da das Handelsregister von jedermann einsehbar ist, sind die Jahresabschlüsse dieser Unternehmen der Öffentlichkeit zugänglich.

Zum anderen besteht für bestimmte Unternehmen darüber hinaus die Verpflichtung, den Jahresabschluss im Bundesanzeiger zu veröffentlichen. Dies betrifft die publizitätspflichtigen Einzelunternehmen und Personengesellschaften sowie bestimmte Kapitalgesellschaften.

Diese Unternehmen unterliegen insoweit einer erweiterten Publizitätspflicht. Sie haben den Jahresabschluss der Öffentlichkeit nicht nur über das Handelsregister zugänglich zu machen, sondern darüber hinaus die Verpflichtung, diese Information aktiv an die Interessenten heranzutragen.

(2) **Dokumentation**

Von geringerer Bedeutung in der Praxis ist die Dokumentationsfunktion des Jahresabschlusses. Dass ihm zumindest vom Gesetzgeber eine Dokumentationsaufgabe zugedacht ist, wird daraus ersichtlich, dass für die Unterlagen des Jahresabschlusses eine 10jährige Aufbewahrungspflicht besteht. Dennoch ist hier einschränkend anzumerken, dass die Angaben des Jahresabschlusses keine Primärdaten darstellen. Diese werden vielmehr aus der Buchführung und dem Inventar gewonnen. Insofern wird die Dokumentationsaufgabe also stärker im Bereich der Buchführung und beim Inventar anzusiedeln sein.

(3) **Gewinnfeststellung**

Die wesentliche oder ursprüngliche Aufgabe des Jahresabschlusses ist die Ermittlung des Unternehmenserfolges. Die Gewinnermittlung ist

- die Grundlage der Unternehmensbesteuerung,
- die Basis der Eigenkapitalbildung,
- die Voraussetzung der Entscheidung über die Gewinnverwendung,
- die Grundlage für die Ertragsbesteuerung.

Sie ist darüber hinaus die Grundlage für die Beurteilung der Leistungen des Managements und nicht zuletzt auch ein wesentlicher Rückkoppelungsmechanismus im Rahmen der Betriebsführung.

(4) Ausschüttungsregelung

Letztlich fällt dem Jahresabschluss die Aufgabe zu, die Ausschüttungen an die Anteilseigner in dem Sinne zu regeln, dass sowohl deren Interesse nach einem angemessenen Ertrag ihrer Kapitalanlage sowie andererseits aber auch der Bestand der Unternehmung gesichert werden. Auf diese Regelungsfunktion beziehen sich eine ganze Reihe von gesetzlichen Vorschriften, die je nach Höhe und Art der Entstehung des Gewinnes Mindestnormen für die Bildung von Rücklagen und die Gewinnausschüttung vorsehen.

4.2 Bilanzierungsgrundsätze

Wie für die Buchhaltung und die Inventur, so gelten auch für die Erstellung des Jahresabschlusses, für die Bilanz insbesondere, Prinzipien, die im weiteren Sinne den Grundsätzen ordnungsmäßiger Buchführung zugerechnet werden können.

Abb. 26: Grundsätze ordnungsmäßiger Bilanzierung

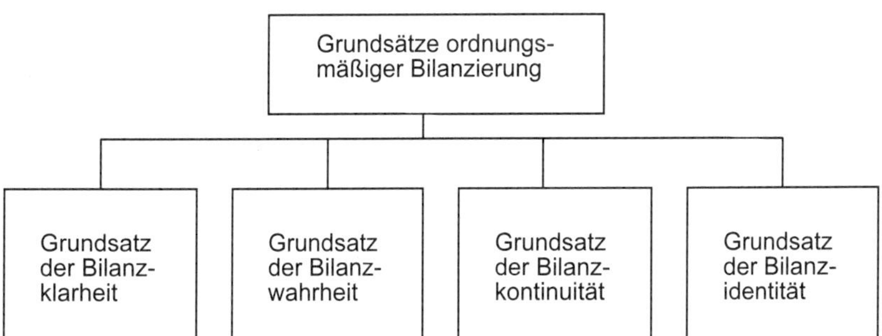

(Ditges/Arendt 2005, S. 57)

(1) Bilanzklarheit

Das Prinzip der Bilanzklarheit besagt, dass der Jahresabschluss "klar und übersichtlich" sein muss (§ 243 Abs. 2 HGB).

Im einzelnen ergeben sich aus dieser Gesetzesnorm folgende Forderungen:

- Die einzelnen Bilanzposten müssen sachlich zutreffend und eindeutig bezeichnet sein.
- Aus der Bilanzgliederung müssen die Beträge der einzelnen Vermögens- und Kapitalanteile ersichtlich sein.
- Wesensverschiedene Vermögens- und Kapitalbestandteile sind gesondert zu erfassen.
- Rücklagen, Rückstellungen und Wertberichtigungen sind als solche gesondert auszuweisen.
- Die Bewertung der einzelnen Bilanzpositionen ist offenzulegen.

Diese Forderungen sind nur zum Teil in der Bilanz selbst zu realisieren. Das Prinzip der Bilanzklarheit verlangt deswegen, dass dort, wo es der Klarheit und Übersichtlichkeit dient, ergänzende Angaben zur Bilanz und zur Gewinn- und Verlustrechnung erfolgen sollen. Für erläuternde Ergänzungen dieser Art ist vor allem der Anhang, der für bestimmte Unternehmen verpflichtend zum Jahresabschluss gehört, gedacht und geeignet. Auch der Lagebericht kann in diesem Sinne als Erläuterung zur Bilanz und zur Gewinn- und Verlustrechnung aufgefaßt werden. In Bezug auf das Anlagevermögen wird als Bestandteil des Anhangs die Erstellung eines Anlagespiegels **(Anlagegitter)** empfehlenswert sein. Dort können die Anschaffungs- oder Herstellungskosten, die Zugänge, die Abgänge, Umbuchungen und Zuschreibungen sowie die Abschreibungen während des Berichtszeitraumes gesondert ausgewiesen werden.

(2) **Bilanzwahrheit**

Der Grundsatz der Bilanzwahrheit ist in der Praxis sehr schwer zu fassen, da es eine absolute und objektive Wahrheit nicht gibt. Statt der Forderung nach Wahrheit wird deswegen im Schrifttum immer mehr die Forderung nach der Richtigkeit oder auch der Zweckmäßigkeit der Bilanzangaben aufgestellt.

Wie auch immer das Prinzip bezeichnet wird, so verbinden sich hiermit mindestens zwei Forderungen:

- Vollständigkeit der Bilanz
- zutreffende Bewertung der Bilanzpositionen.

Gerade im Hinblick auf die Bewertung der einzelnen Vermögens- und Kapitalpositionen wird die Problematik des Wahrheitspostulats deutlich. Denn der Wert eines Gutes (materielle und immaterielle Vermögensgegenstände, Waren, Dienstleistungen ...) ist keine feststehende und auch keine objektiv feststellbare Größe. Je nach dem, ob man zur Bewertung den Anschaffungspreis, den Wiederbeschaffungspreis, die Herstellungskosten, den Marktpreis etc. zugrunde legt, wird die Bewertung anders ausfallen. Eine objektive, wahre oder richtige Bewertung gibt es nicht. Aus dem Wahrheitspostulat kann also allenfalls die Forderung abgeleitet werden, dass die vorgenommenen Bewertungen zweckmäßig sind im Hinblick auf die Zwecksetzung der Bilanz und im übrigen sich im Rahmen des gesetzlich Erlaubten bewegen.

(3) Bilanzkontinuität

Dagegen ist das Prinzip der Bilanzkontinuität sehr viel klarer und eindeutiger zu fassen. Bilanzkontinuität kann in einem **formellen** und in einem **materiellen** Sinne verstanden werden.

a) **Formelle Bilanzkontinuität**

Formelle Bilanzkontinuität bedeutet:

- Jahresabschluss immer zum gleichen Stichtag,
- Beibehaltung der Bilanzgliederung,
- Beibehaltung der einzelnen Bilanzpositionen auch in ihrer inhaltlichen Zusammensetzung,
- Beibehaltung einer einmal gewählten Abschreibungsform.

b) **Materielle Bilanzkontinuität**

Die materielle Bilanzkontinuität bezieht sich auf die Bewertung der Vermögensgegenstände:

- Als Obergrenze für den Wertansatz eines Vermögensgegenstandes in der Bilanz gilt der Wertansatz der vorangegangenen Bilanz.
- Eine einmal gewählte Bewertungsmethode (z.B. Abschreibungsmethode) soll im allgemeinen beibehalten werden. Soweit Ausnahmen von dieser Forderung zulässig sind, sollen Veränderungen der Bewertungsmethode im Anhang des Jahresabschlusses dargelegt werden.

(4) **Bilanzidentität**

Das Prinzip der Bilanzidentität besagt, dass die Anfangsbilanz eines Geschäftsjahres mit der Schlussbilanz des vorangegangenen Geschäftsjahres übereinstimmen muss, in beiden Bilanzen müssen alle Positionen, Mengen und Werte völlig identisch sein.

4.3 Gliederung der Bilanz

Der Begriff Bilanz geht etymologisch auf das lateinische Adjektiv Bilanx zurück und bedeutet eine zweischalige, sich im Gleichgewicht befindliche Waage. Diese Vorstellung einer Waage im Gleichgewichtszustand charakterisiert das Grundprinzip der Bilanz wie überhaupt der kaufmännischen Buchführung, dass nämlich eine doppelte Aufschreibung in zwei Spalten erfolgt, die in der Summe wertgleich sind. Wie eine Waage, so befindet sich auch die Bilanz im Gleichgewicht.

Die Bilanz ist der eigentliche Kern des Jahresabschlusses, da sie die gesamte Vermögens- und Finanzlage des Unternehmens zum Bilanzstichtag wiederspiegelt. Sie entsteht aus der nach vorgeschriebenen Gliederungsgesichtspunkten erfolgten Zusammenfassung der Bestandskonten der Buchhaltung.

Die Gliederung der Bilanz ist gesetzlich vorgeschrieben. Nach § 266 HGB gilt für Kapitalgesellschaften folgende Bilanzgliederung, die zunächst in einer zusammengefaßten Form als T-Konto und dann in ausführlicher (Staffel-) Form dargestellt wird:

Abb. 27: Grundstruktur der Handelsbilanz nach dem HGB

Aktivseite	Passivseite
A. Anlagevermögen	**A. Eigenkapital**
I Immaterielle Vermögensgegenstände	I Gezeichnetes Kapital
II Sachanlagen	II Kapitalrücklagen
III Finanzanlagen	III Gewinnrücklagen
	IV Gewinnvortrag/ Verlustvortrag
B. Umlaufvermögen	
I Vorräte	V Jahresüberschuss/ Jahresfehlbetrag
II Forderungen und sonstige Vermögensgegenstände	
III Wertpapiere	**B. Rückstellungen**
IV Flüssige Mittel	
	C. Verbindlichkeiten
C. Rechnungsabgrenzungsposten	**D. Rechnungsabgrenzungsposten**

Das Gliederungsschema nach dem HGB gilt für alle Kapitalgesellschaften. Es gelten jedoch einige Ausnahmen:

- Sog. kleine Kapitalgesellschaften können die Bilanz in einer Mindestform auf die mit römischen Ziffern bezeichneten Gliederungspunkte beschränken.
- Für einige Wirtschaftszweige gelten abweichende Bilanzgliederungen (z.B. Kreditinstitute, Bausparkassen ...).
- Soweit es die Übersichtlichkeit und Klarheit der Bilanz erfordert, können weitere Untergliederungen vorgenommen werden.
- Leerposten in der Bilanz müssen nicht ausgewiesen werden, wenn sie im abgeschlossenen Geschäftsjahr und im Vorjahr ohne Betrag waren.
- Personengesellschaften und Einzelunternehmen sind an das Gliederungsschema des § 266 HGB nicht gebunden, es gilt hier vielmehr eine Mindestgliederung nach § 247 HGB, jedoch wird im allgemeinen auch hier in der Praxis nach der feineren Gliederung des § 266 verfahren.

Abb. 28: Ausführliche Bilanzgliederung in Staffelform

Bilanzgliederung nach § 266 HGB	Belegstelle, soweit nicht § 266 HGB
Aktiva	
(Ausstehende Einlagen auf das gezeichnete Kapital; davon eingefordert)	§ 272 HGB
(Aufwendungen für die Ingangsetzung und Erweiterung des Geschäftsbetriebs)	§ 269 HGB
A. Anlagevermögen	
I. Immaterielle Vermögensgegenstände:	
1. Konzessionen, gewerbliche Schutzrechte und ähnliche Rechte und Werte sowie Lizenzen an solchen Rechten und Werten;	
2. Geschäfts- oder Firmenwert;	
3. geleistete Anzahlungen.	
II. Sachanlagen:	
1. Grundstücke, grundstücksgleiche Rechte und Bauten einschließlich der Bauten auf fremden Grundstücken;	
2. technische Anlagen und Maschinen;	
3. andere Anlagen, Betriebs- und Geschäftsausstattung;	
4. geleistete Anzahlungen und Anlagen im Bau.	
III. Finanzanlagen:	
1. Anteile an verbundenen Unternehmen;	
2. Ausleihungen an verbundene Unternehmen;	
3. Beteiligungen;	
4. Ausleihungen an Unternehmen, mit denen ein Beteiligungsverhältnis besteht;	
5. Wertpapiere des Anlagevermögens;	
6. sonstige Ausleihungen.	
B. Umlaufvermögen	
I. Vorräte:	
1. Roh-, Hilfs- und Betriebsstoffe;	
2. unfertige Erzeugnisse, unfertige Leistungen;	
3. fertige Erzeugnisse und Waren;	
4. geleistete Anzahlungen;	
II. Forderungen und sonstige Vermögensgegenstände:	
1. Forderungen aus Lieferungen und Leistungen; davon mit einer Restlaufzeit von mehr als einem Jahr;	§ 268 Abs. 4 HGB
2. Forderungen gegen verbundene Unternehmen; davon mit einer Restlaufzeit von mehr als einem Jahr;	§ 268 Abs. 4 HGB

3. Forderungen gegen Unternehmen, mit denen ein Beteiligungsverhältnis besteht; davon mit einer Restlaufzeit von mehr als einem Jahr	§ 268 Abs. 4 HGB
4. Sonstige Vermögensgegenstände; davon mit einer Restlaufzeit von mehr als einem Jahr	§ 268 Abs. 4 HGB
III. Wertpapiere:	
1. Anteile an verbundenen Unternehmen;	
2. eigene Anteile;	
3. sonstige Wertpapiere.	
IV. Schecks, Kassenbestand, Bundesbank- und Postgiroguthaben, Guthaben bei Kreditinstituten.	
C. Rechnungsabgrenzungsposten	
Damnum	§ 250 Abs 3 HGB
(Bilanzierungshilfe für latente Steuerentlastung)	§ 274 Abs. 2 HGB
(Nicht durch Eigenkapital gedeckter Fehlbetrag)	§ 268 Abs. 3 HGB
Passiva	
A. Eigenkapital	
I. Gezeichnetes Kapital;	
II. Kapitalrücklage;	
III. Gewinnrücklagen:	
1. gesetzliche Rücklage;	
2. Rücklage für eigene Anteile;	
3. satzungsmäßige Rücklagen;	
4. andere Gewinnrücklagen;	
IV. Gewinnvortrag/Verlustvortrag*;	
V. Jahresüberschuss/Jahresfehlbetrag*;	
(*ersatzweise auch: Bilanzgewinn/Bilanzverlust möglich)	§ 268 Abs. 1 HGB
(Sonderposten mit Rücklageanteil)	§ 273 HGB
B. Rückstellungen	
1. Rückstellungen für Pensionen und ähnliche Verpflichtungen;	
2. Steuerrückstellungen;	
(Rückstellungen für latente Steuern)	§ 274 Abs. 1 HGB
3. sonstige Rückstellungen.	
C. Verbindlichkeiten	
1. Anleihen;	
davon konvertibel;	
davon mit einer Restlaufzeit bis zu 1 Jahr;	§ 268 Abs. 5 HGB
2. Verbindlichkeiten gegenüber Kreditinstituten;	
davon mit einer Restlaufzeit bis zu 1 Jahr;	§ 268 Abs. 5 HGB
3. erhaltene Anzahlungen auf Bestellungen;	
4. Verbindlichkeiten aus Lieferungen und Leistungen;	
davon mit einer Restlaufzeit bis zu 1 Jahr;	§ 268 Abs. 5 HGB

5. Verbindlichkeiten aus der Annahme gezogener Wechsel und der Ausstellung eigener Wechsel; davon mit einer Restlaufzeit bis zu 1 Jahr;	§ 268 Abs. 5 HGB
6. Verbindlichkeiten gegenüber verbundenen Unternehmen; davon mit einer Restlaufzeit bis zu 1 Jahr;	§ 268 Abs. 5 HGB
7. Verbindlichkeiten gegenüber Unternehmen, mit denen ein Beteiligungsverhältnis besteht; davon mit einer Restlaufzeit bis zu 1 Jahr;	§ 268 Abs. 5 HGB
8. sonstige Verbindlichkeiten; davon aus Steuern; davon im Rahmen der sozialen Sicherheit; davon mit einer Restlaufzeit bis zu 1 Jahr.	§ 268 Abs. 5 HGB
D. Rechnungsabgrenzungsposten	

(nach Heinold 1995, S. 67 - 70)

4.4 Bilanzbewertungen

4.4.1 Bewertungsprinzipien

In der Bilanz werden das Vermögen und das Kapital der Unternehmung ihrem Werte nach gegenübergestellt. Über die Erfassung der einzelnen Vermögens- und Kapitalpositionen hinaus ist also ihre Bewertung, ausgedrückt in Euro--Beträgen, erforderlich. Bewerten bedeutet dabei, dass einer Sache, einem Gegenstand, einer Leistung, einer Handlungsweise etc. ein bestimmter Geldwert beigemessen und zugeschrieben wird. Die Problematik des Bewertens liegt darin, dass der Wert keine der Sache immanente Eigenschaft darstellt, wie dies etwa bei physikalischen Eigenschaften der Fall ist. Der Wert ist einer Sache vom Menschen zugeschriebene Eigenschaft, er ist deshalb immer subjektiv und situationsgebunden. Werturteile variieren sowohl zwischen einzelnen Personen als auch im Zeitablauf.

Dennoch ist die Bewertung notwendig und unumgänglich, denn das betriebliche Rechnungswesen kann nicht mit Gegenständen und Sachverhalten, sondern eben ausschließlich mit in Zahlen ausdrückbaren Werten rechnen. Um also die Bewertung in der Bilanz der vollständigen subjektiven Willkür zu entziehen, ist sie an bestimmte Prinzipien gebunden, die zwar im Ergebnis keine Objektivität, so aber doch ihre Zweckmäßigkeit und Nachprüfbarkeit gewährleisten sollen.

Die Mehrzahl der Bewertungsprinzipien gelten allgemein für alle Unternehmungen, unabhängig von Ihrer Rechtsform.

Abb. 29: Allgemeine Bewertungsprinzipien

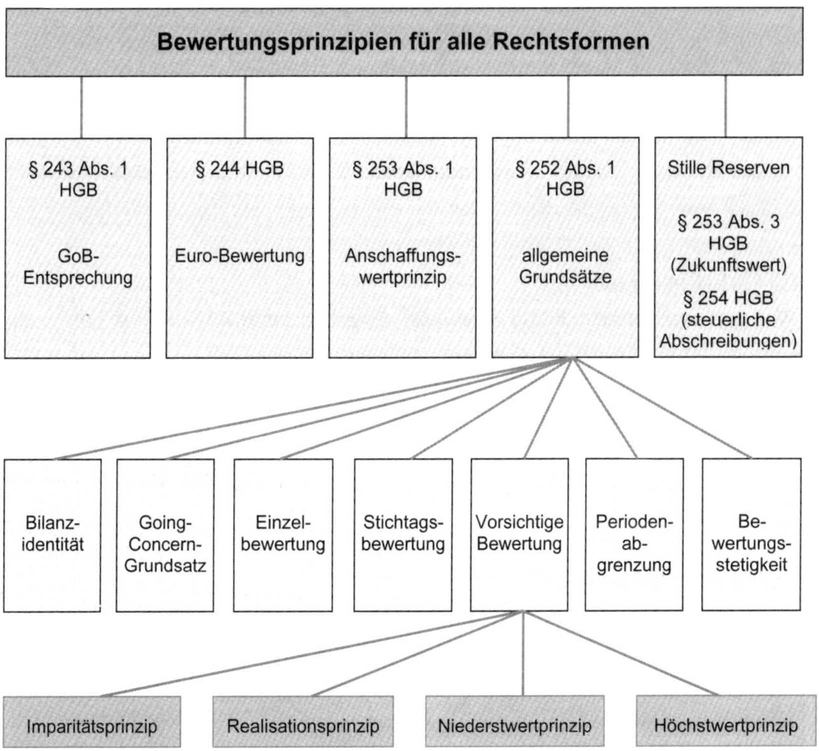

(bearbeitet nach Heinold 1995, S. 218)

Die allgemeinen Bewertungsprinzipien werden duch einige Regelungen ergänzt, die zusätzlich für bestimmte Rechtsformen gelten.

Abb. 30: Allgemeine Bewertungsprinzipien

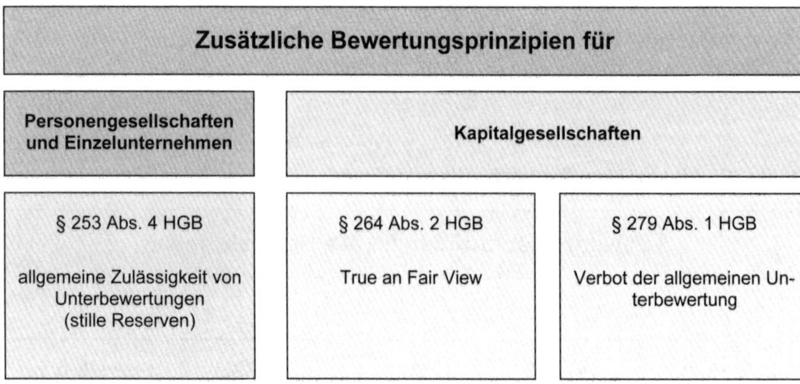

(1) GoB-Entsprechung
Wie generell für den Jahresabschluss, so gelten auch für die dort vorzunehmenden Bewertungen die allgemeinen Prinzipien der GoB.

(2) Euro-Bewertung
Der Jahresabschluss ist grundsätzlich in Euro aufzustellen. Forderungen, Verbindlichkeiten, Anlagen etc. in fremden Währungen sind in Euro umzurechnen.

(3) Anschaffungswertprinzip
Bei der Bewertung von Vermögensgegenständen gilt das Anschaffungswertprinzip. Sie dürfen höchstens mit dem Betrag angesetzt werden, der ihren Anschaffungs- oder Herstellungskosten zum Zeitpunkt der Anschaffung bzw. Herstellung entspricht. Etwaige Wertsteigerungen aufgrund der Preisentwicklung dürfen nicht berücksichtigt werden.

(4) Bilanzidentität
Die Wertansätze der Eröffnungsbilanz müssen denen der vorangegangenen Abschlussbilanz entsprechen. Diese Forderung entspricht den allgemeinen Bilanzierungsprinzipien.

(5) Going-Concern

Dieser Grundsatz besagt, dass bei der Bewertung immer davon auszugehen ist, dass die zu bewertenden Vermögens- und Kapitalpositionen Teil eines auch weiterhin tätigen Unternehmens sind. Die Bewertung muss also immer im Zusammenhang des gesamten Betriebes vorgenommen werden. Würden einzelne Vermögensgegenstände aus diesem Zusammenhang herausgenommen, so könnte sich eine andere Bewertung ergeben.

Beispiel: Eine technische Anlage gewinnt erst im Zusammenhang des Produktionsprozesses ihren Wert. Würde sie losgelöst und unabhängig vom übrigen Betrieb betrachtet, so müßte ihre Bewertung u.U. sehr viel niedriger ausfallen.

(6) Einzelbewertung

Grundsätzlich sind alle Vermögensgegenstände und Kapitalpositionen einzeln zu bewerten.

Von dieser Grundregelung sind Ausnahmen möglich, insbesondere für die Bewertung von Roh-, Hilfs- und Betriebsstoffen. Sie können mit einem **Festwert** in Ansatz gebracht werden, wenn sie

- ihrem Werte nach von untergeordneter Bedeutung sind,
- in ihrer Zusammensetzung und Menge relativ konstant sind und
- laufend ersetzt werden.

Eine **Gruppenbewertung** kann bei gleichartigen oder gleichwertigen Vermögensgegenständen vorgenommen werden. Bei der Gruppenbewertung wird für eine Anzahl gleichartiger Vermögensgegenstände ein gewogener Durchschnittswert ermittelt. Zu- und Abgänge werden mit diesem Durchschnitt berechnet.

Eine **Sammelbewertung** ist für Gegenstände des Vorratsvermögens erlaubt, wenn der Bewertung ein Verbrauchsfolgeverfahren zugrunde gelegt werden kann.

(7) **Stichtagsbewertung**

Die Bewertung muss auf den Bilanzstichtag hin erfolgen.

(8) **Vorsichtige Bewertung**

Das Prinzip der vorsichtigen Bewertung enthält mehrere Einzelkriterien:

- Das **Imparitätsprinzip** fordert einerseits, dass absehbare Verluste in der Bilanz etwa durch die Bildung von Rückstellungen zu berücksichtigen sind, während andererseits eingetretene Wertsteigerungen aufgrund des Anschaffungswertprinzips unberücksichtigt bleiben müssen.
- Das **Realisationsprinzip** ist ebenfalls aus dem Anschaffungswertprinzip abgeleitet und besagt, dass Gewinne erst dann berücksichtigt werden, wenn sie, etwa durch Veräußerung des Wirtschaftsgutes, tatsächlich realisiert wurden.
- Das **Niederstwertprinzip** betrifft die Bewertung der Vermögensgegenstände und besagt, dass von verschiedenen möglichen Wertansätzen der jeweils niedrigste zu wählen ist.
- Umgekehrt gilt für die Bewertung von Verbindlichkeiten und Rückstellungen das **Höchstwertprinzip**. Es schreibt vor, dass von alternativen Wertansätzen für die Verbindlichkeiten und Rückstellungen der jeweils höchste in Ansatz zu bringen ist.

(9) Periodenabgrenzung

Aufwendungen und Erträge werden in dem Geschäftsjahr im Jahresabschluss berücksichtigt, in dem sie entstanden sind. Es kommt hierbei nicht darauf an, ob Zahlungen erfolgt sind.

(10) Bewertungsstetigkeit

Der Grundsatz der Bewertungsstetigkeit resultiert aus der Forderung nach materieller Bilanzkontinuität. Er besagt, dass die Methoden und Grundsätze der Bewertung, die einmal gewählt wurden, beibehalten werden. Damit soll einer willkürlichen Bewertungspraxis entgegengewirkt werden.

(11) True and Fair View

Der Grundsatz des True and Fair View ist ein allgemeiner und übergeordneter Bewertungsgrundsatz der im § 264 HGB festgeschrieben ist. Er fordert, dass der Jahresabschluss von der Ertrags-, Finanz- und Vermögenslage des Unternehmens ein Bild zeichnen muss, das den tatsächlichen Gegebenheiten entspricht. Es muss gewährleistet sein, dass die Angaben des Jahresabschlusses auch dem externen Betrachter ein zuverlässiges Bild von der Lage der Unternehmung vermitteln. Diese Gesetzesnorm hat insoweit übergeordneten Charakter, als die Beachtung dieses Prinzips im Einzelfall dazu führen kann, dass gegen einzelne Gesetzesbestimmungen, die im konkreten Einzelfall zu einem Verstoß gegen diesen übergeordneten Grundsatz führen würden, entgegen der gesetzlichen Einzelregelung und zu Gunsten der Generalregelung entschieden werden muss.

(12) Verbot und Zulässigkeit von Unterbewertungen

Aus dem Grundsatz der Bilanzwahrheit resultiert ein generelles Verbot der allgemeinen Unterbewertung des Vermögens. Diese Generalnorm wird jedoch in drei Fällen durchbrochen. Das HGB lässt die Bildung **stiller Reserven** durch geringere Bewertung von Vermögensgegenständen für folgende Tatbestände zu:

- Abschreibungen auf den **nahen Zukunftswert**:
  Die Möglichkeit entspricht dem Imparitätsprinzip, d. h., sind Wertminderungen in naher Zukunft aufgrund einer vernünftigen kaufmännischen Beurteilung erforderlich, so können hierfür entsprechende Abschreibungen in Ansatz gebracht werden.
- Stille Reserven aufgrund **steuerlicher Sonderabschreibungen**:
  Stille Reserven können legal aufgrund steuerlicher Sonderabschreibungen gebildet werden, die nicht dem tatsächlichen Werteverzehr entsprechen, sondern diesen übersteigen.
- Stille Reserven im Rahmen **vernünftiger kaufmännischer Beurteilung**:
  Nach § 253.4 HGB sind Abschreibungen "außerdem im Rahmen vernünftiger kaufmännischer Beurteilung zulässig". Diese Möglichkeit der Bildung von stillen Reserven gilt jedoch nicht für Kapitalgesellschaften.

4.4.2 Wertbegriffe

Der Bewertung von Vermögen und Kapital können verschiedene Wertbegriffe zugrunde gelegt werden. Sie können in einer systematischen Betrachtungsweise eingeteilt werden in **Basiswerte, Vergleichswerte** und **fakultative Werte.**

Abb. 31: Handelsrechtliche Wertbegriffe

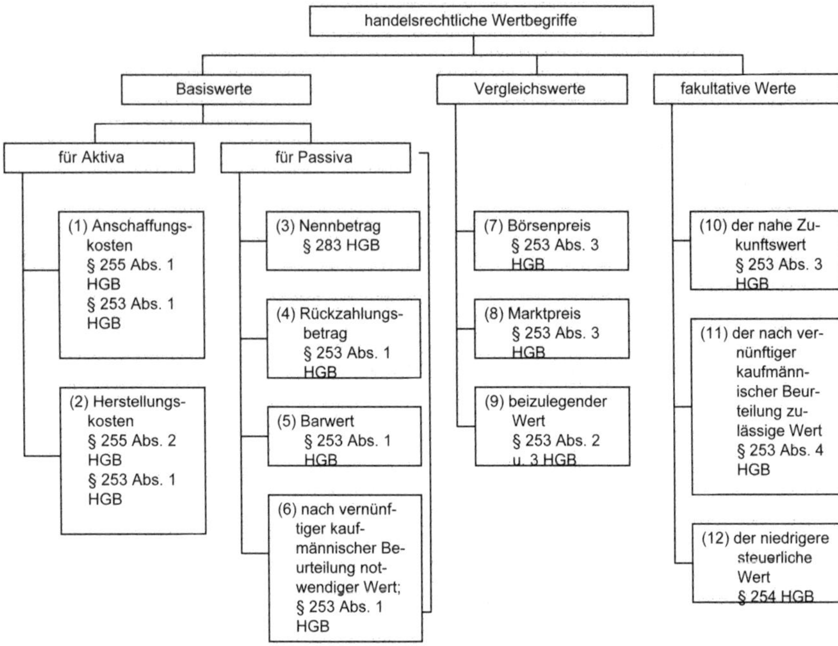

(nach Heinold 1995, S. 201)

(1) Anschaffungskosten

Nach § 255 HGB sind die Anschaffungskosten „...die Aufwendungen, die geleistet werden, um einen Vermögensgegenstand zu erwerben und ihn in einen betriebsbereiten Zustand zu versetzen, soweit sie dem Vermögensgegenstand einzeln zugeordnet werden können. Zu den Anschaffungskosten gehören auch die Nebenkosten sowie die nachträglichen Anschaffungskosten. Anschaffungspreisminderungen sind abzusetzen".

(2) Herstellungskosten

Die Herstellungskosten werden dann der Bewertung zugrunde gelegt, wenn es sich um Vermögensgegenstände handelt, die im Unternehmen selbst hergestellt worden sind. Die Wertermittlung ist in diesem Falle sehr viel schwieriger als im Falle der Anschaffung des Vermögenswertes, da die zuverlässige Ermittlung der Herstellungskosten eine funktionierende betriebliche Kostenrechnung voraussetzt.

Grundsätzlich gilt, dass die Herstellungskosten sich zusammensetzen aus den Aufwendungen, die für die Beschaffung der Produktionsfaktoren erforderlich sind, die zur Herstellung der Leistung benötigt werden.

(3) Nennbetrag

Der Nennbetrag wird zur Bewertung des gezeichneten Kapitals verwendet. Er entspricht bei einer Aktiengesellschaft dem Nominalwert der Aktie, bei einer GmbH der Stammeinlage der einzelnen Gesellschafter. Das gezeichnete Kapital insgesamt ergibt sich dann also aus der Summe der Nominalwerte aller ausgegebenen Aktien bei der Aktiengesellschaft und bei der GmbH aus der Summe sämtlicher Stammeinlagen der Gesellschafter.

(4) Rückzahlungsbetrag

Im allgemeinen sind Verbindlichkeiten mit dem Wert anzusetzen, zu dem sie zurückgezahlt werden. Der Rückzahlungsbetrag kann von der Nominalschuld abweichen. So verbietet es sich nach dem Vorsichtsprinzip beispielsweise, ein Darlehen mit dem tatsächlich beanspruchten Betrag zu bewerten, wenn aufgrund eines Auszahlungsdisagios die zurückzuzahlende Summe darüber liegt. Es ist stattdessen der Rückzahlungsbetrag anzusetzen.

(5) Barwert

Ein Barwert kann nach finanzmathematischen Methoden für eine in der Zukunft liegende Zahlungsverpflichtung errechnet werden. Der Barwert ist der Gegenwert dieser zukünftigen Zahlungsverpflichtung in der Gegenwart. Würde z.B. bei einer zukünftigen Pensionszahlungsverpflichtung der tatsächlich in der Zukunft anfallende Auszahlungsbetrag zugrunde gelegt, so würde die Forderung auf die Gegenwart bezogen erheblich überbewertet. Der abgezinste Barwert repräsentiert also den Wert der zukünftigen Forderung zum Bilanzstichtag.

(6) Der nach vernünftiger kaufmännischer Beurteilung notwendige Wert

Es handelt sich hier um einen Hilfswert, der bei der Bewertung von Rückstellungen angewendet werden kann. Da es sich hierbei um die Bildung von Reserven für Tatbestände handelt, deren Eintritt und deren Ausmaß nur sehr schwer vorhersehbar ist (z.B. Gewährleistungsrückstellungen, Prozeßkostenrückstellungen usw.) sind präzise Vorgaben und Normen für die Bildung derartiger Werte kaum denkbar. Hier muss vielmehr auf die Allgemeinprinzipien der GoB zurückgegriffen werden und der jeweilige Einzelfall nach pflichtgemäßem Ermessen und unter Berücksichtigung der Gesamtsituation entschieden werden.

(7) Börsenpreis

Bei Waren und Produkten, Effekten und Devisen, die an der Börse gehandelt werden, muss nach dem Niederstwertprinzip der Börsenkurs zum Bilanzstichtag als Vergleichswert zum Anschaffungspreis zugrunde gelegt werden. Ist der Börsenkurs z.B. von Wertpapieren höher als der Anschaffungspreis, so ist der niedrigere Anschaffungspreis anzusetzen; ist umgekehrt der Börsenkurs niedriger als der Anschaffungspreis, so ist der niedrigere Börsenkurs in Ansatz zu bringen (strenges Niederstwertprinzip).

(8) Marktpreis

Ebenso ist für alle anderen Produkte, die am Markt gehandelt werden oder handelbar sind, der Marktpreis als Vergleichswert zum Anschaffungspreis bzw. den Herstellungskosten anzusetzen und nach dem Niederstwertprinzip zu beurteilen.

(9) Beizulegender Wert

Ein beizulegender Wert ist zu ermitteln und als Vergleichswert heranzuziehen, wenn ein Marktpreis nicht festgestellt werden kann. Da er explizit nur dann anzuwenden ist, wenn ein Markt- oder Börsenpreis nicht ermittelt werden kann, ist seine Bestimmung naturgemäß schwierig. Die Ermittlung des beizulegenden Wertes kann sich entweder an dem Beschaffungs- oder am Absatzmarkt orientieren. Bei der Orientierung am Beschaffungsmarkt müssen die Wiederbeschaffungs- oder die Reproduktionskosten für das Gut herangezogen werden. Will man vom Absatzmarkt her eine Bewertung vornehmen, so ist eine Schätzung über den möglichen Verkaufserlös vorzunehmen.

(10) Der nahe Zukunftswert

Dieser Wertansatz kommt vor allem als Vergleichswert für die Gegenstände des Umlaufvermögens in Betracht. Er kann auf solche Güter angewendet werden, die erfahrungsgemäß größeren Wertschwankungen ausgesetzt sind und es muss darüber hinaus für die nähere Zukunft nach vernünftiger kaufmännischer Beurteilung eine Wertminderung tatsächlich eintreten.

(11) Der nach vernünftiger kaufmännischer Beurteilung zulässige Wert
Für die Personengesellschaften und Einzelunternehmen gibt der § 253 HGB eine Generalklausel zur Bildung stiller Reserven. Es heißt dort im Absatz 4: "Abschreibungen sind außerdem im Rahmen vernünftiger kaufmännischer Beurteilung zulässig". Mit dieser Gesetzesnorm wird die Möglichkeit eröffnet, Vermögensgegenstände zu einem Wert anzusetzen, der niedriger ist als der durch Vergleich nach dem Niederstwertprinzip ermittelte Wert. Im Sinne des Vorsichtsprinzips ist diese Regelung zu begrüßen, gestattet sie doch, großzügig Vorsorge zu treffen und den Bestand der Unternehmung dauerhaft zu sichern. Andererseits eröffnet diese Gesetzesnorm, da sie nicht weiter präzisiert wird, Möglichkeiten zur willkürlichen Bewertung und damit zu einer übertriebenen und unangemessenen Bildung stiller Reserven. Wird von dieser Möglichkeit im Übermaß Gebrauch gemacht, dann entspricht der Jahresabschluss nicht mehr dem Postulat der Bilanzwahrheit, er kann auch seine ursprünglichen Funktionen, etwa über die tatsächliche Vermögens- und Ertragslage zu informieren, die Gewinnausschüttung zu regeln etc. nicht mehr erfüllen. Einer mißbräuchlichen und sachfremden Anwendung der Regelung des § 253 Abs. 4 HGB kann also nur durch eine strikte Anwendung der GoB entgegengewirkt werden.

(12) Der niedrigere steuerliche Wert
Die Handelsbilanz ist für die Steuerbilanz maßgeblich, d.h., dass die im Steuerrecht vorgesehenen Abwertungen (z. B. Sonderabschreibungen, erhöhte Absetzungen) nur dann steuerlich wirksam werden, wenn sie auch der Handelsbilanz zugrunde gelegt wurden. Im Umkehrschluss folgert hieraus, dass steuerlich zulässige Abwertungen auch als Wertansatz in der Handelsbilanz zulässig sein müssen. Nach § 254 HGB ist deshalb zulässig, als Vergleichswert den nach steuerrechtlichen Gesichtspunkten niedrigeren Wert anzusetzen. In diesem Falle führen die steuerrechtlichen Abwertungstatbestände zur Bildung von stillen Reserven.

4.4.3 Bewertung der Aktiva

4.4.3.1 Anlagevermögen

Zum Anlagevermögen gehören die

- immateriellen Vermögensgegenstände des Anlagevermögens,
- die Sachanlagen,
- die Finanzanlagen.

Für alle Arten des Anlagevermögens gelten die Anschaffungs bzw. Herstellungskosten als Obergrenze der Bewertung. Sie bilden den Basiswert, der dem Wertansatz in der Bilanz zum Bilanzstichtag zugrunde gelegt wird, sofern nicht nach dem Niederstwertprinzip ein anderer Vergleichswert maßgeblich ist. Bei Vermögensgegenständen, die durch Gebrauch oder Zeitablauf einer Abnutzung unterliegen, ist dieser Basiswert um **planmäßige Abschreibungen** zu vermindern. Darüber hinaus können unter besonderen Umständen **außerplanmäßige Abschreibungen** notwendig werden.

Abb. 32:Abschreibungen

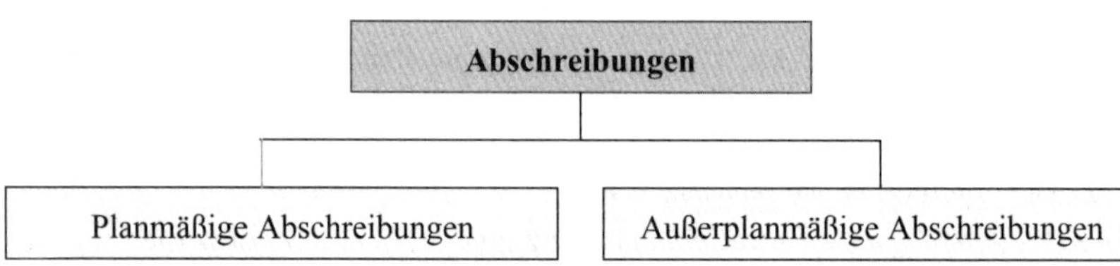

Planmäßige Abschreibungen werden im wesentlichen für die Gegenstände des Sachanlagevermögens vorgenommen sowie darüber hinaus für den Geschäfts- bzw. Firmenwert, der zu den immateriellen Vermögensgegenständen rechnet. Außerplanmäßige Abschreibungen können für alle Gegenstände des Anlagevermögens vorgenommen werden, auch für solche, die keiner Abnutzung unterliegen, also nicht planmäßig abgeschrieben werden können.

Die Verringerung der Wertansätze durch Abschreibungen kann in der Bilanz auf zweierlei Weise erfolgen:

- Bei der **direkten Abschreibung** wird der Wert des Vermögensgegenstandes auf der Aktivseite um die Abschreibungen vermindert. Es wird also lediglich der bereits abgeschriebene Wertansatz aktiviert.
- Bei **der indirekten Abschreibung** wird der ursprüngliche Wertansatz aktiviert und in Höhe der Abschreibung eine Wertberichtigung auf der Passivseite vorgenommen. Beide Verfahren sind zulässig.

Nach ihrer Verursachung und steuerrechtlichen Behandlung sind verschiedene Arten von Abschreibungen zu differenzieren:

Abb. 33: Planmäßige Abschreibungen

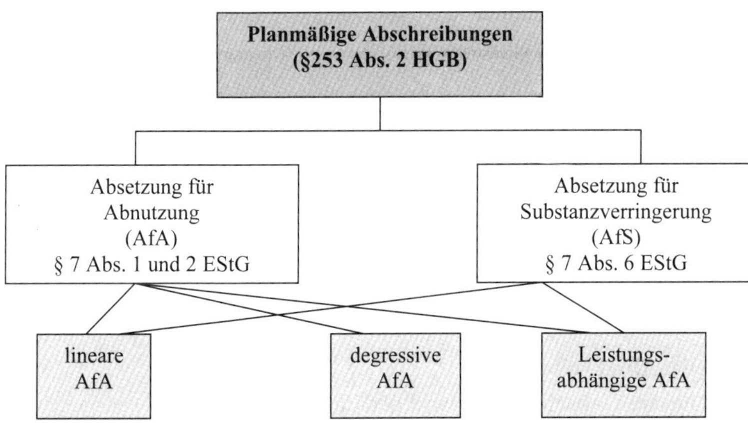

(Ditges/Arendt 2005, S. 184)

(1) Absetzung für Abnutzung (AfA)

Absetzungen für Abnutzung können vorgenommen werden auf abnutzbare Vermögensgegenstände. Die AfA ist eine regelmäßige und planmäßige Abschreibung. Das bedeutet, dass bereits bei der erstmaligen Bilanzierung des Wirtschaftsgutes folgende Kriterien festgelegt werden:

- voraussichtliche Nutzungsdauer
- die Höhe der Abschreibungsbeträge
- die Abschreibungsmethode

Die voraussichtliche Nutzungsdauer wird von betrieblichen und technischen Gegebenheiten bestimmt und muss sich, sofern nicht gesetzliche Regelungen oder Verwaltungsrichtlinien vorliegen, an der aufgrund der betrieblichen Erfahrungen zu erwartenden tatsächlichen betrieblichen Nutzungsdauer orientieren.

Eine bestimmte **Abschreibungsmethode** ist nicht vorgeschrieben. Sie ist im Rahmen der GoB vom Unternehmen zu bestimmen.

Ein Wechsel der Abschreibungsmethode ist im Handelsrecht prinzipiell erlaubt, nach dem Grundsatz der Bilanzkontinuität aber nach Möglichkeit zu vermeiden. In jedem Falle ist die Änderung der Abschreibungsmethode im Anhang des Jahresabschlusses darzulegen.

Planmäßige Abschreibungen können nach folgenden **Abschreibungsverfahren** vorgenommen werden:

- lineare Abschreibung
- degressive Abschreibung
- progressive Abschreibung
- leistungsabhängige Abschreibung.

A. Lineare Abschreibung

Bei der linearen Abschreibung wird der Basiswert des Vermögensgegenstandes (Anschaffungs-/Herstellungskosten) in gleichbleibenden Jahresbeträgen über die voraussichtliche Nutzungsdauer abgeschrieben. Die jährlichen Abschreibungsbeträge ergeben sich aus der Division des Basiswertes durch die voraussichtliche Nutzungsdauer in Jahren. Wird also z.B. ein Wirtschaftsgut, das für 1.000,-- € angeschafft wurde und voraussichtlich vier Jahre genutzt werden kann, linear abgeschrieben, so kann im Jahr der Anschaffung und in den darauffolgenden drei Wirtschaftsjahren eine AfA von je 250,-- € angesetzt werden.

Behält das abzuschreibende Wirtschaftsgut auch nach vollständiger Abnutzung einen Restwert (Schrottwert), so sind die jährlichen Abschreibungsraten entsprechend zu kürzen. Vor der Division durch die Jahre der voraussichtlichen Nutzungsdauer sind die Anschaffungs-/Herstellungskosten um den Betrag des Restwertes zu verringern. Behält in dem obigen Beispiel das angeschaffte Wirtschaftsgut auch nach völliger Abnutzung einen Restwert von 200,-- €, so kann es folglich mit nur 200,-- € jährlich abgeschrieben werden.

B. Degressive Abschreibung

Die lineare Abschreibung entspricht nicht immer dem tatsächlichen Werteverzehr eines Gutes durch Abnutzung. Häufig verlieren Wirtschaftsgüter gerade in den ersten Jahren der Nutzung sehr schnell an Wert (z.B. PKW), während der jährliche Wertverlust mit zunehmendem Alter des Gutes abnimmt. Die lineare Abschreibung führt dann zu einer unzutreffenden Bewertung des Wirtschaftsgutes. Ein degressiver Verlauf der Abschreibungsbeträge wird in diesem Falle der tatsächlichen Wertentwicklung besser gerecht.

Abgesehen von einer unregelmäßigen Degression der Abschreibungsbeträge aufgrund steuerlicher Sonderabschreibungen zusätzlich zu der Normalabschreibung ist auch die degressive AfA ein regelmäßiges Abschreibungsverfahren, bei dem zwei verschiedene Degressionsprinzipien zur Anwendung gelangen können. Degressive Abschreibungen können nach der

- geometrisch-degressiven oder
- nach der arithmetisch-degressiven Methode vorgenommen werden.

Bei der **geometrisch-degressiven Abschreibung** wird mit festen Prozentsätzen abgeschrieben, aber nicht, wie bei der linearen Methode auf der Grundlage des Basiswertes, sondern vom jeweiligen Restbuchwert. Da sich der Restbuchwert von Periode zu Periode verringert, nehmen auch die Abschreibungsbeträge - bei gleichbleibenden Abschreibungsprozentsätzen - ab.

Allgemein gilt, dass die Abschreibungsprozentsätze auf den Restbuchwert erheblich höher sein müssen als die Abschreibungsprozentsätze auf den Basiswert (lineare Abschreibung), wenn eine gleiche wirtschaftliche Nutzungsdauer unterstellt und damit ein gleichlanger Abschreibungszeitraum angestrebt wird.

Im Gegensatz zur linearen Abschreibung ist nach dieser degressiven Methode eine völlige Abschreibung bis zum Restwert 0 nicht möglich. Ein Restwert muss deswegen immer berücksichtigt werden.

Ein anderes Verfahren, dass zu regelmäßig fallenden Abschreibungsbeträgen führt, ist die **arithmetisch-degressive** Abschreibung. Die Degression wird hier dadurch erreicht, dass die jährlichen Abschreibungsbeträge um immer den gleichen Betrag abnehmen. So kann ein Gut, dass zu 10.000,-- € angeschafft wurde und eine voraussichtliche Nutzungsdauer von 4 Jahren erreicht arithmetisch-degressiv beispielsweise folgendermaßen abgeschrieben werden:

Abb. 34: Beispiel einer arithmetisch-degressiven Abschreibung

nach ...Jahren	Jahresabschreibung	Restbuchwert
1	4.000	6.000
2	3.000	3.000
3	2.000	1.000
4	1.000	0

Die Abschreibungsbeträge errechnen sich nach der Formel:

a_i = Abschreibungsbeträge der Jahre i ⟹ $a_i = \frac{(n-(1-i)) \cdot AK}{N_n}$

wobei: AK = Anschaffungs- oder Herstellungskosten

n = Zahl der Nutzungsjahre

N_n = Summe der Nutzungsjahre ⟹ $N_n = \frac{n}{2}(n+1)$

Im Gegensatz zur geometrisch-degressiven kann bei der arithmetisch-degressiven Abschreibung bis zu einem Restbuchwert von 0 abgeschrieben werden. Ein Schrottwert (Restwert) muss hier also nicht in Ansatz gebracht werden.

C. Progressive Abschreibung

Bei der progressiven Abschreibung steigen die jährlichen Abschreibungsbeträge an. Sie können also vor allem dann in Betracht kommen, wenn es sich um Wirtschaftsgüter handelt, die zu Beginn einer geringen und erst im späteren Verlauf einer zunehmenden Wertminderung unterliegen. Die progressive Abschreibung ist im Prinzip zulässig, wenn es zu einer sachgemäßen und den Grundsätzen der GoB entsprechenden Bewertung notwendig ist. Sie ist in der Praxis jedoch kaum anzutreffen.

D. Leistungsabhängige Abschreibung

Der leistungsabhängigen Abschreibung liegt nicht die Schätzung der voraussichtlichen Nutzungsdauer sondern eine Annahme über die bis zum endgültigen Verschleiß abgegebene Gesamtleistung zugrunde. Die Dauer der Abschreibung ist bei diesem Verfahren nicht von vornherein festgelegt, sie hängt vielmehr davon ab, wie sehr das Anlagegut beansprucht wird.

Zur Ermittlung der jährlichen Abschreibungsbeträge werden die Anschaffungs-/Herstellungskosten durch die erwartete Gesamtleistungsmenge des Wirtschaftsgutes dividiert und mit der im Geschäftsjahr tatsächlich abgegebenen Leistungsmenge multipliziert.

Dieses Verfahren ist besonders dann geeignet, wenn die Wertminderung des Wirtschaftsgutes durch seine tatsächliche Inanspruchnahme verursacht wird und nicht ein leistungsunabhängiger Alterungsprozess darstellt. Sie kann also beispielsweise für Maschinen und Anlagen in Betracht kommen, die keinen nennenswerten Alterungsverschleiß aufweisen, sondern sich vor allem durch den tatsächlichen Gebrauch abnutzen.

(2) Absetzung für Substanzverringerung

Absetzungen für Substanzverringerung (AfS) sind als lineare und als leistungsabhängige AfS zulässig. Die Anwendung dieser Abschreibungsart ist jedoch beschränkt auf Unternehmen, deren wesentliche Vermögensteile einem Substanzverbrauch unterliegen. Dazu gehören beispielsweise Bergbaubetriebe, Steinbrüche, Kies- oder Sandgruben, Fördergesellschaften für Erdöl, Erdgas etc.

Bei der linearen Abschreibung wird die voraussichtliche Nutzung oder Betriebsdauer des Unternehmens zugrunde gelegt und vom Basiswert aus in gleichbleibenden Jahresbeträgen abgeschrieben.

Bei der leistungsabhängigen Absetzung für Substanzverringerungen wird der tatsächliche Werteverzehr der Abrechnungsperiode abgeschrieben. So kann z.B. bei einer Sandgrube derjenige Anteil des Basiswertes abgeschrieben werden, der dem Anteil der geförderten Menge an der gesamten förderbaren Menge entspricht.

(3) Absetzung für außergewöhnliche technische oder wirtschaftliche Abnutzung (AfaA)

Wirtschaftsgüter, die im übrigen einer planmäßigen Abschreibung unterliegen, müssen nach dem Imparitätsprinzip zusätzlich und darüber hinaus außerplanmäßig abgeschrieben werden, wenn aufgrund unvorhersehbarer wirtschaftlicher oder technischer Gegebenheiten eine zusätzliche Entwertung stattgefunden hat.

Eine **technische Entwertung** kann darin liegen, dass eine Anlage über das planmäßig einkalkulierte Soll hinaus verschleißt, die ursprünglich angenommene Nutzungsdauer also nicht erreicht.

Eine **wirtschaftliche Entwertung** eines Anlagegutes liegt dann vor, wenn seine wirtschaftliche Nutzung früher als ursprünglich erwartet endet. Dieser Fall kann eintreten, wenn eine im übrigen technisch einwandfreie Anlage wirtschaftlich deswegen nicht mehr genutzt werden kann, weil aufgrund neuerer, besserer technischer Anlagen die mit der alten Anlage produzierten Güter oder Leistungen nicht mehr gewinnbringend oder auch nur kostendeckend zu vermarkten sind. Das Wirtschaftsgut ist also wirtschaftlich veraltet, muss ersetzt und entsprechend bis auf seinen Restwert außerplanmäßig abgeschrieben werden.

(4) Teilwert-Absetzung (TW-AfA)

Die Teilwert-AfA entspricht im wesentlichen der dargestellten AfaA, ist jedoch im Unterschied hierzu nicht auf das abnutzbare Anlagevermögen beschränkt, sondern sie kann für alle Gegenstände des Anlage- und Umlaufvermögens angewendet werden.

(5) Sonderregelungen

Hierzu gehören vor allem die nach dem Steuerrecht möglichen erhöhten Absetzungen und Sonderabschreibungen, etwa im Rahmen des Wohnungsbaues.

4.4.3.2 Umlaufvermögen

Der Bewertung des Umlaufvermögens werden ebenso wie beim Anlagevermögen die Anschaffungs- bzw. Herstellungskosten als Basiswert zugrunde gelegt. Weiterhin gilt auch hier das Prinzip der Einzelbewertung. Dies bedeutet, dass bei einer strengen Auslegung die Güter des Umlaufvermögens nicht nur nach ihrer Art, sondern darüber hinaus auch getrennt nach Anschaffungs- bzw. Herstellungskosten erfasst und gegebenenfalls auch gelagert werden müßten. Dies würde einen unverhältnismäßig hohen Aufwand erfordern. Es ist besser, gleichartige oder ähnliche Verbrauchsgüter, die nicht getrennt gelagert und erfasst werden können oder deren getrennte Lagerung wirtschaftlich nicht vertretbar wäre, im Rahmen einer **Sammel-, Gruppen**- oder **Festbewertung** zu veranlagen.

Die Sammelbewertung der Verbrauchsgüter kann anhand des Durchschnittsverfahrens oder nach einem Verbrauchsfolgeverfahren erfolgen.

(1) **Durchschnittsmethode**

Bei der Durchschnittsmethode wird für alle Güter einer bestimmten Art aus den jeweiligen Anschaffungs- oder Herstellungskosten ein gewogenes arithmetisches Mittel berechnet und der Bewertung zugrunde gelegt.

Das folgende Beispiel veranschaulicht die Vorgehensweise:

Abb. 35: Beispiel für die Bewertung des Vorratsvermögens nach der Durchschnittsmethode

		Stück (Menge)	**Preis pro Einh.**	**Wert in €**
Anfangsbestand	01.01.	100	6	600
+ Zugang	15.01.	50	8	400
+ Zugang	15.02.	50	5	250
+ Zugang	18.02.	40	7	280
+ Zugang	01.04.	120	4	480
Buchbestand		360		2.010
ø Preis pro Einheit			5,58	
Endbestand		60	5,58	335
Verbrauch		300	5,58	1.675

(Ditges/Arendt 2005, S. 201)

Nach dem Niederstwertprinzip ist der Ansatz der Anschaffungs- bzw. Herstellungskosten nur dann zulässig, wenn nicht ein anderer heranzuziehender Vergleichswert - z.B. der Marktpreis - niedriger ist. Da nach der Durchschnittsmethode kurzfristige Preisschwankungen aus der Bewertung ausgeklammert bleiben, kann sich ein Anstieg oder ein Rückgang der Marktpreise erst mit zeitlicher Verzögerung und abgeschwächt in der Durchschnittsbewertung niederschlagen. Bei einem Rückgang der Beschaffungspreise wird deswegen der nach der Durchschnittsmethode errechnete Wert regelmäßig über dem Marktpreis des betreffenden Gutes liegen und insoweit nicht zum Ansatz kommen können. Die Durchschnittsmethode kann also nur in Zeiten konstanter oder steigender Preise den maßgeblichen Werteansatz abgeben.

(2) Verbrauchsfolgeverfahren

Eine andere Form der Sammelbewertung sind die Verbrauchsfolgeverfahren. Die Verbrauchsfolgeverfahren gehen davon aus, dass ein Vorratsbestand, der zu einem bestimmten Stichtag festgestellt wird, das Resultat eines ständigen Güterflusses ist. Vorräte werden ständig vom Lager abgerufen und verbraucht und müssen laufend oder in bestimmten Zeitabständen wiederbeschafft werden. Die Wiederbeschaffung kann bei schwankenden Marktpreisen dazu führen, dass der Bestand, der am Stichtag gemessen wird, sich aus verschiedenen Beschaffungsvorgängen zusammensetzt und damit aus einzelnen Teilmengen mit unterschiedlichen Anschaffungskosten besteht. Das Problem der Bewertung eines derartigen Bestandes mit gleichartigen Gütern unterschiedlicher Anschaffungskosten wird im Verbrauchsfolgeverfahren dadurch zu lösen gesucht, dass der Bewertung der Abgänge aus dem Bestand nach bestimmten Regeln Anschaffungskosten zugeordnet werden. Es wird also unterstellt, dass die gerade verbrauchte Menge einer bestimmten Lieferung zuzurechnen ist, auch wenn dies nur buchungstechnisch möglich ist.

Abb. 36: Verbrauchsfolgeverfahren

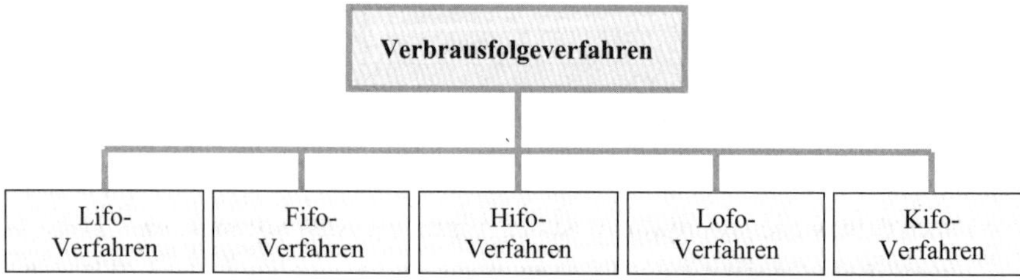

(Ditges/Arendt 2005, S. 202)

Die Zurechnung der Verbrauchsmengen und -preise zu den Beschaffungsmengen und -preisen kann nach verschiedenen Methoden erfolgen, je nachdem, welche Annahmen man über die Abfolge von Zulieferung und Verbrauch unterstellt.

(1) **Lifo** (last in - first out)
Das Lifo-Verfahren geht davon aus, dass das zuletzt beschaffte Gut als erstes verbraucht wird. In die Bewertung des Bestandes fließen dann also vor allem die weiter zurückliegenden Beschaffungspreise ein. Bei steigenden Preisen ist diese Methode von Vorteil, da sie zur Bildung einer stillen Reserve führt.

(2) **Fifo** (first in - first out)
Dem Fifo-Verfahren liegt genau die entgegengesetzte Annahme zugrunde. Es wird vorausgesetzt, dass die zuerst beschafften Güter auch zuerst verbraucht werden. Der Bestand zum Bilanzstichtag setzt sich dann aus den Vorräten zusammen, die zuletzt beschafft wurden. Dieses Verfahren hat den Vorteil, dass es zu einer zeitnahen Bewertung des Vorratsvermögens führt. Ein betriebswirtschaftlicher Nachteil ist darin zu erblicken, dass bei steigenden Beschaffungspreisen die Vorräte mit einem relativ hohen Preis bewertet werden, der höher ist als nach der Lifo- oder der Durchschnittsmethode. Es kann hier also nicht zur Bildung einer stillen Reserve kommen. Das Verfahren hat deswegen vor allem in einer Situation sinkender Beschaffungspreise seine Berechtigung, da hierdurch eine mögliche Überbewertung vermieden wird.

(3) **Hifo** (highest in - first out)
Die Hifo-Methode führt bei der Bewertung der Bestände in der Bilanz zum niedrigstmöglichen Wertansatz, da hier immer zunächst die Güter mit dem höchsten Anschaffungspreis aus dem Bestand abgebucht werden. Dieses Verbrauchsfolgeverfahren entspricht am besten dem Vorsichtsprinzip.

(4) **Lofo** (lowest in - first out)
Beim Lofo-Verfahren werden genau umgekehrt als erstes die Bestände abgebucht, deren Anschaffungspreis am niedrigsten war. Es wird angenommen, dass die am billigsten erworbenen Güter zuerst verbraucht oder abgegeben werden. Bei diesem Verfahren werden die am Bilanzstichtag verzeichneten. Bestände zum höchstmöglichen Preis bewertet. Eine größere praktische Be-

deutung kommt dem Lofo-Verfahren nicht zu, da es im allgemeinen dem Vorsichtsprinzip widerspricht.

Abb. 37: Beispiel für die Bewertung des Vorratsvermögens nach den Verbrauchsfolgeverfahren

			Bewertung Bestand/Lieferung			
Bestand/ Lieferung	**Menge**	**Preis pro Stück**	**Lifo**	**Fifo**	**Hifo**	**Lofo**
Bestand alt	10	100,--	**1.000,--**	*1.000,---*	**1.000,--**	*1.000,---*
Zugang 1	10	100,--	**1.000,--**	*1.000,--*	*1.000,---*	**1.000,--**
Zugang 2	10	90,--	*900,---*	**900,--**	**900,--**	*900,--*
Zugang 3	10	130,--	*1.300,--*	**1.300,--**	*1.300,--*	**1.300,--**
Abgänge	20		*2.200,--*	*2.000,--*	*2.300,--*	*1.900,--*
Bestand neu	**20**		**2.000,--**	**2.200,--**	**1.900,--**	**2.300,--**

(5) **Kifo** (Konzern in - first out)
Dieses Verfahren kann bei Konzernunternehmen angewendet werden. Hier wird unterstellt, dass die von Konzernunternehmen bezogenen Waren zuerst verbraucht werden, so dass in den zum Bilanzstichtag bewerteten Beständen überwiegend fremdbezogene Waren enthalten sind. Dies vereinfacht die konzerninterne Abrechnung. Das Kifo-Verfahren kann jedoch nicht allein zur Bewertung herangezogen werden. Da sich die im Bestand verbleibenden fremdbezogenen Leistungen aus Teillieferungen zusammensetzen, müssen diese zusätzlich mit Hilfe eines der vorgenannten Verfahren bewertet werden.

Von den genannten Verbrauchsfolgeverfahren haben in der Praxis vor allem die Lifo- und die Fifo-Methode Verbreitung gefunden, während die übrigen aufgrund ihrer steuerlichen Unzulässigkeit kaum praktische Bedeutung besitzen.

4.4.3.3 Forderungen

Zu den Forderungen gehören folgende Positionen:

- Geldforderungen aufgrund von Warenlieferungen
- Geldforderungen aus Darlehensverträgen
- Güterforderungen aufgrund von Anzahlungen
- Güterforderungen im Rahmen von Tauschgeschäften
- Geldforderungen aus Wertpapieren.

Die Forderungen sind nicht in einem einzelnen Bilanzposten zusammengefaßt, sondern auf eine Anzahl von Bilanzpositionen verteilt.

Für die Bewertung der Forderungen gelten prinzipiell die gleichen Prinzipien wie bei der Bewertung des Vorratsvermögens. Grundsätzlich gilt auch hier, dass die Bewertung zu Anschaffungskoten zu erfolgen hat, soweit nicht ein Vergleichswert (Börsenkurs, Marktpreis) nach dem Niederstwertprinzip in Ansatz zu bringen ist.

Langfristige Forderungen werden mit dem abgezinsten Wert angesetzt.

Forderungen in **Fremdwährung** werden mit dem Tageskurs bei der Entstehung der Forderung bewertet, soweit nicht nach dem Niederstwertprinzip der niedrigere Tageskurs zum Bilanzstichtag anzusetzen ist.

Zweifelhafte Forderungen, die in ihrer Höhe nicht genau bestimmt werden können, werden mit ihrem mutmaßlichen, d.h. mit ihrem geschätzten Wert in die Bilanz eingebracht.

Forderungen, die erkennbar **uneinbringlich** sind, werden abgeschrieben.

Für die Bewertung der Forderungen gilt grundsätzlich das Prinzip der Einzelbewertung. Da dies in der Praxis auf erhebliche Schwierigkeiten stößt, weil bei einer Unzahl von Einzelforderungen in jedem Einzelfalle eine Bonitätsprüfung des Schuldners durchgeführt werden müßte, besteht abweichend von dieser Regelung die Möglichkeit, für die Forderungsbewertung eine **Pauschalwertberichtigung** vorzunehmen, die sich in ihrer Höhe nach den tatsächlichen Forderungsausfällen der vergangenen Abrechnungsperioden richtet und als Durchschnittswert hieraus gebildet wird.

4.4.4 Bewertung der Passiva

(1) Eigenkapital

Bei der Bewertung des Eigenkapitals in der Bilanz treten im allgemeinen keine besonderen Probleme auf:

- Das **gezeichnete Kapital** wird zum Nennbetrag ausgewiesen, also bei der Aktiengesellschaft zum Nennwert der ausgegebenen Aktien und bei der GmbH in Höhe des gezeichneten Stammkapitals.
- **Kapitalrücklagen**, die aufgrund von Zuzahlungen der Gesellschafter gebildet werden, sind mit dem tatsächlich eingezahlten Betrag anzusetzen.
- Ebenso sind die **Gewinnrücklagen** als ausgewiesener Geldbetrag ohne Bewertungsspielraum.

(2) Verbindlichkeiten

Verbindlichkeiten sind grundsätzlich mit ihrem **Rückzahlungsbetrag** zu bewerten. Ein Wahlrecht besteht hier nicht. Ist der Rückzahlungsbetrag höher als der Ausgabebetrag (Anschaffungskosten), dann kann der Unterschiedsbetrag (Disagio, Damnum) entweder direkt abgeschrieben werden oder als Rechnungsabgrenzungsposten aktiviert werden.

(3) Rückstellungen

Rückstellungen sind ihrem Wesen nach Fremdkapital. Sie werden gebildet für Aufwendungen, die im abgelaufenen Geschäftsjahr ihren wirtschaftlichen Grund haben, jedoch erst in einer späteren Periode zu Auszahlungen führen bzw. Mindereinnahmen verursachen. Insofern ist im allgemeinen eine exakte Bemessung des erforderlichen Rückstellungsbetrages nicht möglich. Vielmehr muss nach **vernünftiger kaufmännischer Beurteilung** und unter Beachtung **des Vorsichtsprinzips** eine Schätzung vorgenommen werden. Diese Schätzung darf jedoch nicht willkürlich erfolgen, sondern unter Anwendung geeigneter Verfahren zu einer größtmöglichen Genauigkeit und Sicherheit führen. Soweit möglich sind also kausal fundierte Berechnungsmodelle, statistische Prognoseverfahren oder, im Falle der Pensionsrückstellungen, versicherungsmathematische Berechnungsmethoden anzuwenden.

Verbindlichkeiten, die erst in der Zukunft zu Zahlungen führen, können auf Ihren Gegenwartswert (Barwert/Kapitalwert) abgezinst werden.

Abb. 38: Rückstellungszwecke und Rückstellungsausweis

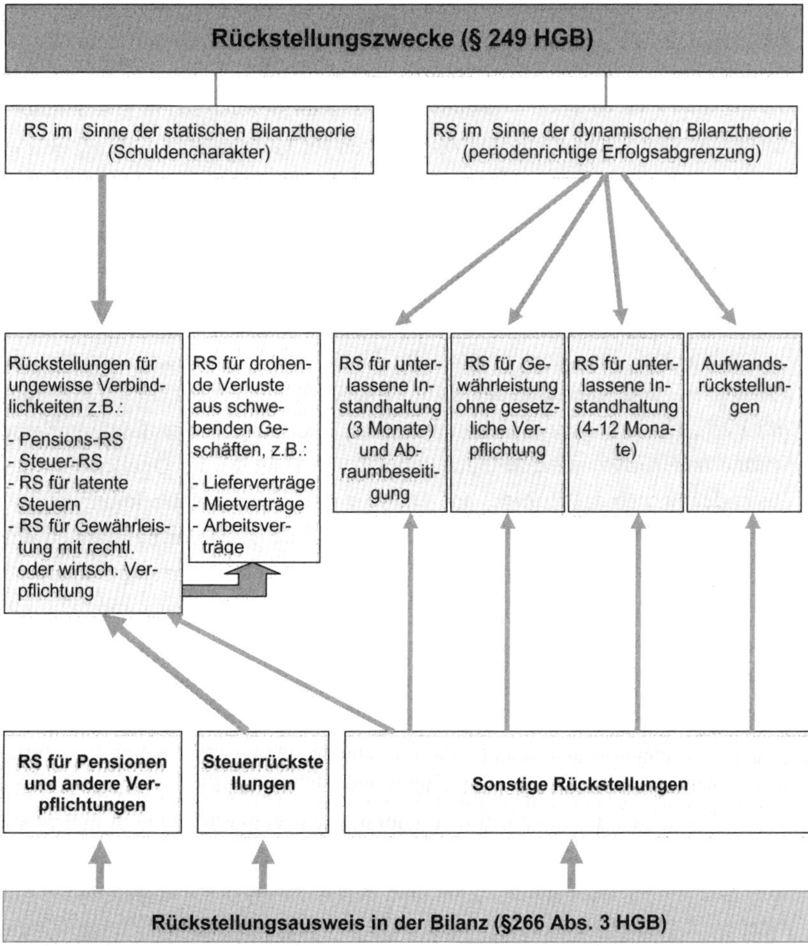

(bearbeitet nach Heinold 1995, S. 167)

Ist A der in n Jahren fällige Auszahlungsbetrag, dann berechnet sich bei einem Kalkulationszinsfuß von i der Kapitalwert K nach der Formel:

$$K = A(1+i)^{-n} = \frac{A}{(1+i)^n}.$$

Der Ausdruck $(1 + i)^{-n}$ wird als Abzinsfaktor bezeichnet. In finanzmathematischen Sammlungen sind Abzinsfaktoren für verschiedene Laufzeiten und und Verzinsungen tabelliert. Die Handhabung wird dadurch erleichtert.

4.5 Gewinn- und Verlustrechnung

Neben der Bilanz ist die Gewinn- und Verlustrechnung ein verpflichtender Bestandteil des Jahresabschlusses. Im Unterschied zur Bilanz, welche die Vermögens- und Kapitalbestände zum Bilanzstichtag erfasst, ist die Gewinn- und Verlustrechnung eine zeitraumbezogene Rechnung. Sie umfasst sämtliche Erträge und Aufwendungen einer Periode und zeigt so die Quellen und das Zustandekommen des Erfolges auf. Die Gewinn- und Verlustrechnung ist deshalb als eine Ergänzung der Bilanz anzusehen, die den Informationswert des Jahresabschlusses erhöht. Sie ist der Bilanz jedoch insoweit nachgeordnet, als sie zum einen in ihren Wertansätzen an die Vorgaben der Bilanz gebunden ist, eigenständige Bewertungsprobleme im Rahmen der Gewinn- und Verlustrechnung treten also keine auf, sowie zum anderen, als sie ausschließlich eine handelsrechtliche, jedoch keine steuerrechtliche Bedeutung hat. Der Besteuerung liegt ausschließlich der durch Vermögens- und Kapitalvergleich errechnete Gewinn der Bilanz zugrunde, der Ausweis der Entstehung dieses Gewinnes nach der Gewinn- und Verlustrechnung ist steuerlich irrelevant. Dennoch ist gerade für die Zwecke der Betriebsanalyse die Gewinn- und Verlustrechnung von großer Bedeutung, da sie über den Ausweis des Erfolges hinaus zur Klärung des Erfolges bzw. des Mißerfolges beiträgt und damit wesentlich die Beurteilung eines Unternehmens beeinflußt.

Für Kapitalgesellschaften ist die Gliederung der Gewinn- und Verlustrechnung im § 275 HGB festgeschrieben. Für Einzelunternehmen und Personengesellschaften bestehen hingegen keine Gliederungsvorschriften.

Nach den Vorschriften des HGB sind für Kapitalgesellschaften zwei alternative Gliederungsprinzipien anwendbar, das **Gesamtkostenverfahren** und das **Umsatzkostenverfahren.**

Abb. 39: Gliederung der Gewinn- und Verlustrechnung nach § 275 HGB

Gliederung der Gewinn- und Verlustrechnung (§ 275 HGB)	
Gesamtkostenverfahren (§ 275 Abs. 2 HGB)	**Umsatzkostenverfahren (§ 275 Abs. 3 HGB)**
1. Umsatzerlöse	1. Umsatzerlöse
2. Erhöhung oder Verminderung des Bestands an fertigen und unfertigen Erzeugnissen	
3. andere aktivierte Eigenleistungen	
4. sonstige betriebliche Erträge	
5. Materialaufwand:	
a) Aufwendungen für Roh-, Hilfs- und Betriebsstoffe und für bezogene Waren	2. Herstellungskosten der zur Erzielung der Umsatzerlöse erbrachten Leistungen
b) Aufwendungen für bezogene Leistungen	
6. Personalaufwand:	3. Bruttoergebnis vom Umsatz
a) Löhne und Gehälter	
b) soziale Abgaben und Aufwendungen für Altersversorgung und für Unterstützung	4. Vertriebskosten
7. Abschreibungen:	
a) auf immaterielle Vermögensgegenstände des Anlagevermögens und Sachanlagen sowie auf aktivierte Aufwendungen für die Ingangsetzung und Erweiterung des Geschäftsbetriebs	
b) auf Vermögensgegenstände des Umlaufvermögens, soweit diese die in der Kapitalgesellschaft üblichen Abschreibungen überschreiten	5. allgemeine Verwaltungskosten 6. sonstige betriebliche Erträge
8. (7.) sonstige betriebliche Aufwendungen	
9. (8.) Erträge aus Beteiligungen	
10. (9.) Erträge aus anderen Wertpapieren und Ausleihungen des Finanzanlagevermögens	
11. (10.) sonstige Zinsen und ähnliche Erträge	
12. (11.) Abschreibungen auf Finanzanlagen und auf Wertpapiere des Umlaufvermögens	
13. (12.) Zinsen und ähnliche Aufwendungen	
14. (13.) Ergebnis der gewöhnlichen Geschäftstätigkeit	
15. (14.) außerordentliche Erträge	
16. (15.) außerordentliche Aufwendungen	
17. (16.) außerordentliches Ergebnis	
18. (17.) Steuern vom Einkommen und vom Ertrag	
19. (18.) sonstige Steuern	
20. (19.) Jahresüberschuss/Jahresfehlbetrag	

(Wöhe/Döring 2005, S. 935)

Diese gesetzliche Regelung ist eine Mindestnorm, d. h., wenn die Anwendung der GoB im Einzelfall dies erfordert, ist darüber hinaus eine weitere Untergliederung erforderlich. Das Gesamtkostenverfahren ist gegenüber dem Umsatzkostenverfahren feiner gegliedert und insoweit auch aussagekräftiger. Vor allem die Aufwendungen werden hier in ihre einzelnen Positionen zerlegt.

Den Zusammenhang zwischen den einzelnen Positionen der GuV nach dem Gesamtkostenverfahren zeigt Abbildung 40.

Die einzelnen Positionen der GuV sind dabei:

(1) Umsatzerlöse
Hierzu rechnen die Erlöse aus:
Verkauf, Vermietung, Verpachtung von Waren und Produkten, Dienstleistungen, Werkverträgen, Verwertung von Nebenprodukten und Abfällen etc. Sie sind um die Umsatzsteuer und Preisnachlässe zu mindern.

(2) Erhöhung oder Verminderung des Bestandes an fertigen und unfertigen Erzeugnissen
Soweit in der Abrechnungsperiode mehr oder weniger produziert als abgesetzt wurde, erhöhen oder vermindern sich die Bestände. Die Bestandsveränderung ist zu den Herstellungskosten zu bewerten. Hier werden ebenfalls bewertungsbedingte Bestandsveränderungen erfasst. Es sind also "...sowohl Änderungen der Menge als auch solche des Wertes zu berücksichtigen" (§ 72 Abs. 2 HGB).

(3) Andere aktivierte Eigenleistungen
Dies sind selbsterstellte Teile des Anlagevermögens, z.B. Maschinen, Werkzeuge etc.

(4) Sonstige betriebliche Erträge
Hierzu rechnen u.a. Erträge aus der Auflösung von Rückstellungen, aus dem Abgang von Gegenständen des Anlagevermögens und aus Zuschreibungen zum Anlagevermögen.

Die Positionen 1 bis 4 bilden zusammen den Betriebsertrag. Von ihm wird der Betriebsaufwand abgezogen, der im einzelnen als Materialaufwand, Personalaufwand, Abschreibungen und sonstige betriebliche Aufwendungen erfasst wird. Der Unterschiedsbetrag zwischen Betriebsertrag und Betriebsaufwand ist das **Betriebsergebnis**. Dem Betriebsergebnis wird das **Finanzergebnis** zugeschlagen, das aus dem Saldo zwischen den Finanzerträgen und den Finanzufwendungen besteht, wie sie etwa im Rahmen von Beteiligungen und anderen Finanzanlagen entstehen.

Die Summe aus dem Betriebsergebnis und dem Finanzergebnis ergibt das **Ergebnis der gewöhnlichen Geschäftstätigkeit**.

Das um das außerordentliche Ergebnis erhöhte Ergebnis der gewöhnlichen Geschäftstätigkeit, vermindert um den Gesamtbetrag der Steuern, ergibt den **Jahresüberschuss** bzw. **Jahresfehlbetrag**.

Im Unterschied zur Bilanz, die den Bilanzgewinn ausweist, wird in der Gewinn- und Verlustrechnung in Form des Jahresüberschusses also eine andere Erfolgsgröße ermittelt. Der Zusammenhang zwischen dem Jahresüberschuss und dem Bilanzgewinn ist folgender:

Jahresüberschuss

./. Zuführung zu den Gewinnrücklagen
\+ Gewinnvortrag (Verlustvortrag) aus dem Vorjahr
\+ Entnahmen aus den Gewinnrücklagen

= **Bilanzgewinn (Bilanzverlust)**

Während der Jahresüberschuss also aus dem Saldo sämtlicher Erträge und Aufwendungen der Periode gebildet wird, ist der in der Bilanz ausgewiesene Gewinn der aus diesem Überschuß und früher gebildeten Rücklagen und Vorträgen zusammengesetzte Betrag, der an die Anteilseigner **ausgeschüttet** wird.

Abb. 40: Zusammenhang der Positionen der GuV nach dem Gesamtkostenverfahren

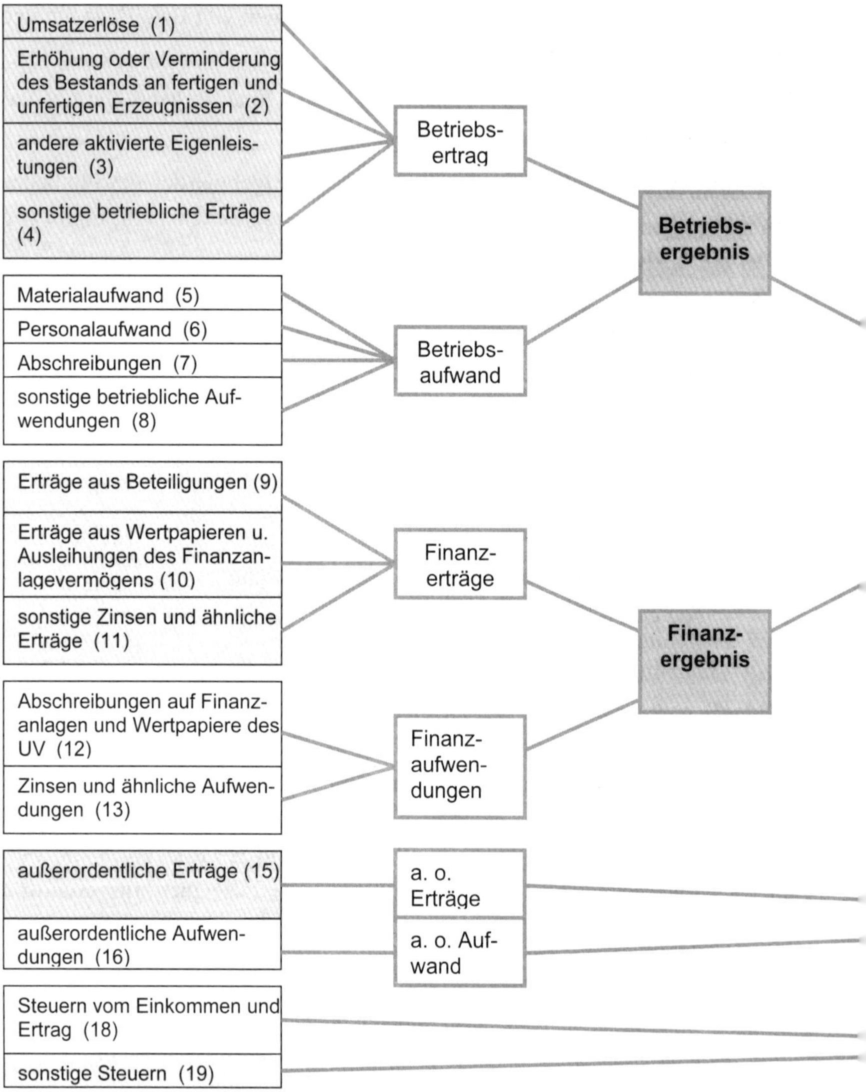

(bearbeitet nach Wöhe/Döring 2005, S. 936)

(Forts. Abb. 39)

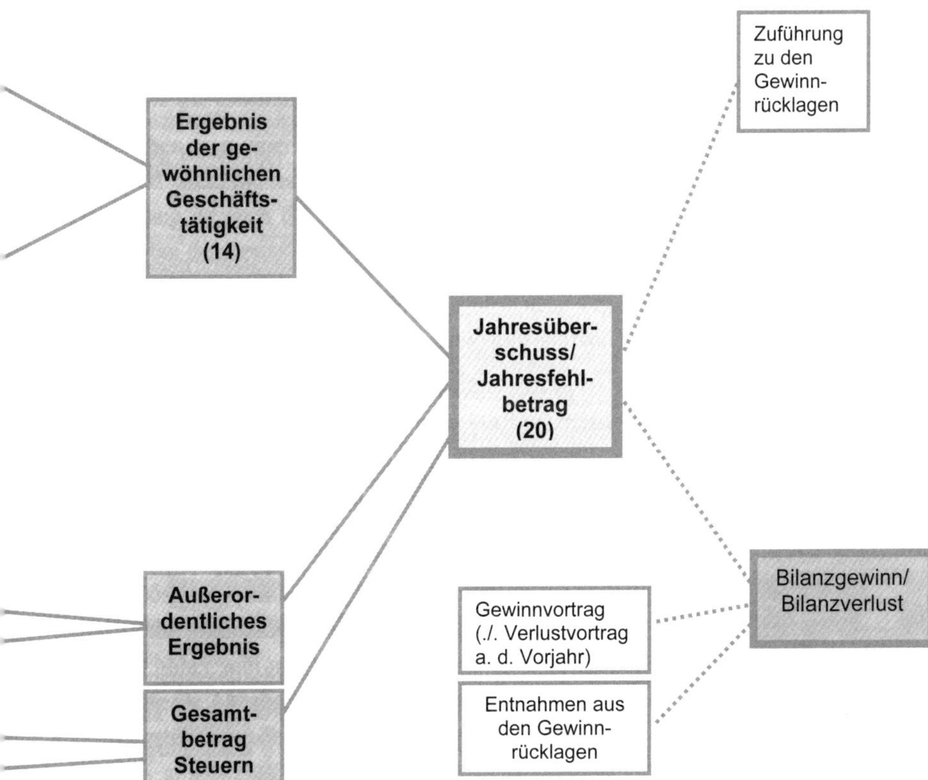
Zuführung zu den Gewinnrücklagen
Ergebnis der gewöhnlichen Geschäftstätigkeit (14)
Jahresüberschuss/ Jahresfehlbetrag (20)
Bilanzgewinn/ Bilanzverlust
Außerordentliches Ergebnis
Gewinnvortrag (./. Verlustvortrag a. d. Vorjahr)
Gesamtbetrag Steuern
Entnahmen aus den Gewinnrücklagen

Gebenüber dem Gewinnausweis in der Bilanz hat die Ermittlung des Jahresüberschusses in der Gewinn- und Verlustrechnung sicherlich einen höheren Erkenntniswert im Hinblick auf die Ertragslage des Unternehmens. Dennoch kann auch diese Größe die tatsächliche Ertragskraft nur unvollkommen widerspiegeln. Dies liegt zum einen daran, dass in den Jahresüberschuss auch die Aufwendungen und Erträge im Zusammenhang mit Beteiligungen einfließen und zum anderen natürlich auch nicht nachvollzogen werden kann, inwieweit das Ergebnis durch die Bildung oder Auflösung von stillen Reserven beeinflußt wurde. Für die Beurteilung der wirklichen Ertragskraft eines Unternehmens sind also weder der Bilanzgewinn noch der in der Gewinn- und Verlustrechnung ausgewiesene Jahresüberschuss hinreichend.

4.6 Anhang und Lagebericht

Zusätzlich zur Bilanz und zur Gewinn- und Verlustrechnung besteht für Kapitalgesellschaften die Verpflichtung, den Jahresabschluss um einen Anhang und einen Lagebericht zu ergänzen. Damit soll der Erkenntniswert des Jahresabschlusses erhöht werden.

Die Aufgabe des **Anhanges** besteht in der Erläuterung der einzelnen Positionen der Bilanz und der Gewinn- und Verlustrechnung. Dazu gehört insbesondere die Darstellung:

- der angewendeten Bilanzierungs- und Bewertungsmethoden und -prinzipien,
- der Veränderungen der Bewertungsmethoden gegenüber der vorangegangenen Abrechnungsperiode.

Der **Lagebericht** soll den Geschäftsverlauf im Berichtsjahr, die Lage des Unternehmens und seine voraussichtliche Weiterentwicklung darstellen und erläutern. Es soll damit dem außenstehenden Betrachter die Möglichkeit gegeben werden, die einzelnen Daten und Informationen, die sich aus den übrigen Bestandteilen des Jahresabschlusses ergeben, in einen größeren Zusammenhang einordnen zu können und damit zu einer zutreffenden Einschätzung der Gesamtsituation zu gelangen.

4.7 Wiederholungsfragen

	Lösungshinweise siehe Seite
29. Nennen Sie die Bestandteile des Jahresabschlusses.	53
30. Beschreiben Sie die Aufgaben des Jahresabschlusses.	54
31. Beschreiben Sie kurz die Grundsätze ordnungsmäßiger Bilanzierung. Den Grundsatz:	
- der Bilanzklarheit	58
- der Bilanzwahrheit	58
- der Bilanzkontinuität	59
- der Bilanzidentität.	60
32. Geben Sie die Grundstruktur einer Bilanz nach dem HGB an.	61
33. Was versteht man unter dem Going-Concern-Prinzip?	67
34. Erläutern Sie das Imparitätsprinzip.	68
35. Was versteht man unter ‚Stillen Reserven'?	69
36. Für welche Tatbestände lässt das HGB die Bildung stiller Reserven durch geringere Bewertung von Vermögensgegenständen zu?	69
37. Warum sollte eine Überbewertung von Vermögensgegenständen unter allen Umständen vermieden werden?	69
38. Erklären Sie kurz die Begriffe Anschaffungskosten und Herstellungskosten.	70
39. Erläutern Sie die Abschreibungsmethoden.	
- lineare Abschreibung	76
- degressive Abschreibung	77
- progressive Abschreibung	78
- leistungsabhängige Abschreibung	79
40. Erläutern Sie die Verbrauchsfolgeverfahren:	
- Lifo	83
- Fifo	83
- Hifo	83
- Lofo	83
- Kifo	84

41. Welches sind die Zwecke von Rückstellungen?	87
42. Wie unterscheiden sich Rückstellungen von Rücklagen?	86/87
43. Aus welchen Elementen setzt sich das Betriebsergebnis zusammen?	90
44. Wie hängen der Bilanzgewinn und der Jahresüberschuss rechnerisch zusammen?	91
45. Welches sind die Aufgaben des Anhanges zum Jahresabschluss?	94

5 Bilanzanalyse

Für den externen Betrachter ist es in der Praxis sehr schwierig, die wirtschaftliche Situation eines Betriebes zutreffend einzuschätzen. Dies gilt auch dann, wenn eigene Kenntnisse über das Unternehmen aufgrund von bestehenden Betriebskontakten oder aus Pressemeldungen vorhanden sind. Derartige Informationen können eine Analyse des Betriebes zwar ergänzen und abrunden, jedoch nicht der eigentliche Kern einer Betriebsanalyse sein. Die wirtschaftliche Analyse eines Unternehmens kann sich nicht auf sporadische und damit mehr oder weniger zufällige Beobachtungen und Meldungen stützen.

Eine systematische externe Betriebsanalyse muss sich infolgedessen in erster Linie auf die Informationen stützen, die in Form des Jahresabschlusses dem externen Analysten zugänglich sind. Die externe Betriebsanalyse ist dann also im wesentlichen eine Analyse des Jahresabschlusses oder kurz: eine **Bilanzanalyse.**

Allerdings dürfen auch die Möglichkeiten, aufgrund einer Bilanzanalyse ein zutreffendes Bild von der wirtschaftlichen Lage der Unternehmung zu erlangen, nicht überbewertet werden. Denn, wie sich gezeigt hat, enthält der Jahresabschluss, die Bilanz vor allem, eine ganze Reihe von Positionen, die dem bilanzierenden Unternehmen Wahlrechte vor allem in Bezug auf die Bewertung lassen. Sie sind deshalb niemals ein naturgetreues Abbild der wirtschaftlichen Vorgänge, sondern immer auch das Ergebnis der unternehmerischen **Bilanzpolitik**.

Abb. 41: Systematik bilanzpolitischer Instrumente

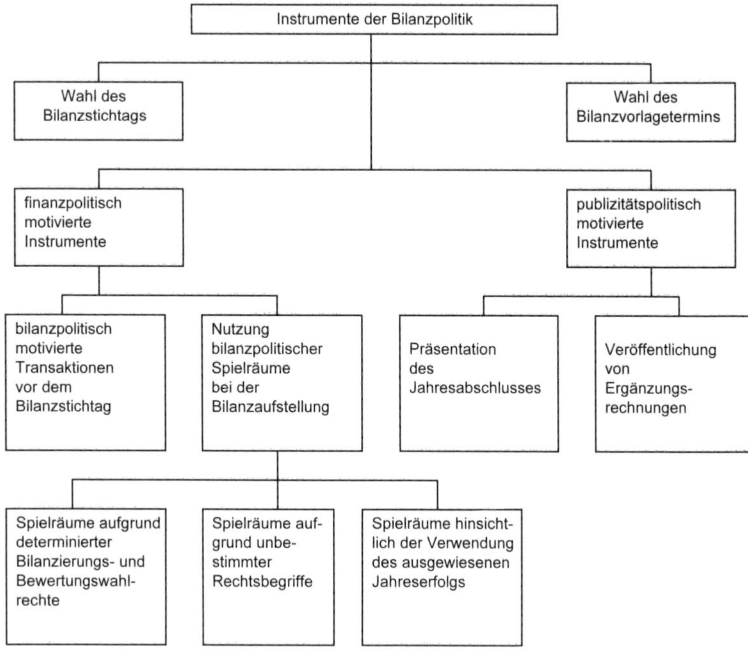

(Schierenbeck 2003, S. 612)

Eine Bilanzanalyse kann sich infolgedessen nicht darauf beschränken, die einzelnen Positionen der Bilanz und der GuV als solche zu betrachten und hierauf Aussagen über die wirtschaftliche Situation der Unternehmung zu gründen. Vielmehr besteht die wesentliche und auch schwierigste Aufgabe der Bilanzanalyse darin, das vorgefundene Zahlenmaterial um eben diese Einflüsse der Bilanzpolitik zu bereinigen und zu einem einigermaßen unverfälschten Bild zu gelangen.

Ein wesentlicher Bestandteil und der erste Schritt einer Bilanzanalyse besteht darin, das vorgefundene Zahlenmaterial in einer Weise aufzubereiten, die es erlaubt, auf wesentliche Kerngrößen der wirtschaftlichen Lage zu schließen.

5.1 Aufbereitung der Bilanz

Als Grundlage für die Berechnung von Kennziffern kann der Jahresabschluss nach folgendem Schema aufbereitet werden:

(1) Umlaufvermögen (UV)[3]
= Vorräte (B.I.)
+ Forderungen und sonstige Vermögensgegenstände (B.II.)
+ Wertpapiere (des Umlaufvermögens) (B.III.)
+ aktive Posten der Rechnungsabgrenzung (C)
– aktiviertes Disagio (soweit dem Jahresabschluss zu entnehmen)

(2) Warenforderungen
= Forderungen aus Lieferungen und Leistungen (B.II.1)
+ Forderungen gegen verbundene Unternehmen (B.II.2)
+ Forderungen gegen Unternehmen, mit denen ein Beteiligungsverhältnis besteht (B.II.3)

(3) monetäres Umlaufvermögen
= Umlaufvermögen (wie unter (1) definiert)
– Vorräte (B.I.)

(4) liquide Mittel
= Schecks, Kassenbestand, Bundesbank- und Postbankguthaben, Guthaben bei Kreditinstituten (B.IV.)

(5) Eigenkapital
= gezeichnetes Kapital (Passiva A.I.)
+ Kapitalrücklage (Passiva A.II.)
+ Gewinnrücklagen (Passiva A.III.)
+ Gewinnvortrag (Passiva A.IV.)
+ ½ Sonderposten mit Rücklageanteil (§ 247 Abs. 3, § 273 HGB)
– ausstehende Einlagen auf das gezeichnete Kapital (gesonderter Ausweis auf der Aktivseite vor Anlagevermögen, wenn nicht auf der Passivseite offen von A.I. abgesetzt)
– Jahresfehlbetrag
+ Anteil des Jahresüberschusses, der den Rücklagen zugewiesen wurde
– aktiviertes Disagio (wenn bei dem Rechnungsabgrenzungsposten C. ausgewiesen)
– eigene Anteile (B.III.3)

(6) Fremdkapital
= Bilanzsumme
– gezeichnetes Kapital (Passiva A.I.)
– Kapitalrücklage (Passiva A.II.)
– Gewinnrücklagen (Passiva A.III.)
– Gewinnvortrag (Passiva A.IV.)
– ½ Sonderposten mit Rücklagenanteil (§ 247 Abs. 3, § 273 HGB)

[3] Die Klammerausdrücke entsprechen der Gliederung der Bilanzpositionen aus Abb. 28.

– Anteil des Jahresüberschusses, der den Rücklagen zugewiesen wurde (soweit die Bilanz vor Ergebnisverwendung aufgestellt wurde)
+ Jahresfehlbetrag (soweit die Bilanz vor Ergebnisverwendung aufgestellt wurde)

(7) Langfristiges Fremdkapital
= Verbindlichkeiten mit einer Restlaufzeit von mindestens fünf Jahren (aus Anhang!)
+ Rückstellungen für Pensionen und ähnliche Verpflichtungen (Passiva B.1 bzw. ggfs. aus Anhang)
+ ½ Sonderposten mit Rücklageanteil

(8) Effektivverschuldung
= Fremdkapital (wie unter (6) definiert)
+ Teile des Bürgschaftsobligos
– ½ Pensionsrückstellungen (Passiva B.1)
– Kundenanzahlungen (Passiva C.3)
– Forderungen aus Lieferungen und Leistungen (B.II.1)
– Forderungen gegen verbundene Unternehmen (B.II.2)
– Forderungen gegen Unternehmen, mit denen ein Beteiligungsverhältnis besteht (B.II.3)
– liquide Mittel (wie unter (4) definiert)

(nach Schierenbeck 2003, S. 628 - 630)

5.2 Aufbereitung der Gewinn- und Verlustrechnung

Eine nach dem Gesamtkostenverfahren aufbereitete GuV weist dann folgende Berechnungen[4] auf:

(9) Ordentliches Betriebsergebnis (wie unter (12) definiert)
+ Finanazergebnis (wie unter (13) definiert)
+ außerordentliches Ergebnis (wie unter (14) definiert)

= Gesamtergebnis vor Steuern
– Steuern vom Einkommen und vom Ertrag (18)
– sonstige Steuern (19)

= Jahresüberschuss/-fehlbetrag (20)

(10) Gesamtleistung
= Umsatzerlöse (1)
+ Erhöhung/Verminderung des Bestands an fertigen und unfertigen Erzeugnissen (2)

[4] Die Ziffern in Klammer beziehen sich auf die Gliederung der GuV-Rechnung nach dem Gesamtkostenverfahren gemäß § 275 Abs. 2 HGB.

+ andere aktivierte Eigenleistungen (3)

(11) Rohertrag
= Gesamtleistung (wie unter (10) definiert)
– Materialaufwand (5)

(12) ordentliches Betriebsergebnis
= Rohertrag (wie unter (11) definiert)
– Personalaufwand (6)
– Abschreibungen auf immaterielle Vermögensgegenstände des Anlagevermögens und Sachanlagen sowie auf aktivierte Aufwendungen für die Ingangsetzung und Erweiterung des Geschäftsbetriebs (7.a)
– sonstige Steuern (19.)

(13) Finanzergebnis
= Erträge aus Beteiligungen (9)
+ Erträge aus Wertpapieren, Ausleihungen und sonstigen Finanzanlagen (10)
+ sonstige Zinsen und ähnliche Erträge (11)
– Abschreibungen auf Finanzanlagen und auf Wertpapiere des Umlaufvermögens (12)
– Zinsen und ähnliche Aufwendungen (13)

(14) außerordentliches Ergebnis
= sonstige betriebliche Erträge (4)
+ außerordentliche Erträge (15)
– Abschreibungen auf Vermögensgegenstände des Umlaufvermögens, soweit diese die in dem Unternehmen üblichen Abschreibungen überschreiten (7.b)
– außerordentliche Aufwendungen (16)

(nach Schierenbeck 2003, S. 630)

Die Aufbereitung des Jahresabschlusses nach diesem Schema kann überwiegend durch die direkte Übernahme einzelner Positionen aus der Bilanz bzw. aus der Gewinn- und Verlustrechnung erfolgen. In Einzelfällen muss auf die ergänzenden Angaben des Anhanges zurückgegriffen oder eine Schätzung vorgenommen werden.

5.3 Berechnung von Kennzahlen

Unter **Kennzahlen** werden Zahlen verstanden, die quantitativ messbare Sachverhalte in aussagekräftiger, komprimierter Form wiedergeben. Man unterscheidet Einzelkennzahlen und Kennzahlensysteme, wobei die ersten in Grundzahlen und Verhältniszahlen geteilt werden.

Grundzahlen sind absolute Mengen- und Wertgrößen wie Einzeldaten, Summen, Differenzen und Mittelwerte. Alleine betrachtet machen Grundzahlen wenig Sinn und werden in der Regel nur bei Soll-Ist-Vergleichen verwendet.

Verhältniszahlen sind relative Größen, bei denen Sachverhalte in Beziehung zueinander gesetzt werden, zwischen denen ein sachlicher Zusammenhang besteht bzw. vermutet wird. Zweck solcher Verhältniszahlen ist die Verdichtung von großen Daten- bzw. Zahlenmengen zu aussagefähigen Schlüsselzahlen.

Man unterscheidet insbesondere drei Arten von Verhältniszahlen:

- **Gliederungszahlen**
  Sie geben den jeweiligen Anteil einer bestimmten Größe an einer Gesamtmenge an.
- **Beziehungszahlen**
  Hier werden zwei verschiedenartige Größen ins Verhältnis gesetzt. Zähler und Nenner können in derselben oder in unterschiedliche Dimensionen gemessen werden.
- **Indexzahlen**
  Sie setzen inhaltlich gleichartige aber zeitlich oder örtlich unterschiedliche Größen zueinander in Beziehung.

Kennzahlen haben eine Informationsfunktion und eine Steuerungsfunktion.

Im Rahmen der **Informationsfunktion** werden Daten bereitgestellt, die z.B. zur Fundierung von Entscheidungen oder zur Bilanzanalyse benötigt werden.

Im Rahmen der **Steuerungsfunktion** (d.h. z.B. im Rahmen des Controllings) haben Kennzahlen einen Vorgabecharakter. Die Unternehmensführung trifft mit nachgeordneten Unternehmensbereichen Zielvereinbarungen, die in einem vereinbarten Zeitraum, z.B. im Jahresverlauf, zu erreichen sind.

Die im Rahmen der **Steuerungsfunktion** vorgegebenen Kennzahlen sollen insbesondere dreierlei bewirken:

- Motivation (Anreiz zum Erreichen bzw. Übertreffen der Vorgaben)
- Leistungskontrolle (durch Soll-Ist-Vergleiche)

- Koordination (Verknüpfung von Kennzahlen mit dem Zielsystem der Unternehmung).

Kennzahlensysteme sind in sich verbundene Mengen von Kennzahlen über ähnliche oder differente betriebliche Tatbestände.

Auf der Grundlage des aufbereiteten Jahresabschlusses können Kennzahlen für verschiedene betriebswirtschaftlich aufschlussreiche Bereiche errechnet werden. Diese Kennzahlen betreffen zum einen die **Ertragslage** der Unternehmung sowie zum anderen ihre **Vermögens- und Kapitalstruktur**.

5.3.1 Kennzahlen zur Ertragslage

Da weder der in der Bilanz ausgewiesene Gewinn noch der nach der Gewinn- und Verlustrechnung bestimmte Jahresüberschuss die tatsächliche Ertragslage und den Erfolg der Unternehmung beurteilen lassen, sind verschiedene Versuche unternommen worden, durch die Berechnung von Kennzahlen ein genaueres und zutreffenderes Bild der tatsächlichen Ertragskraft zu erhalten.

Abb. 42: Kennzahlen zur Ertragslage einer Unternehmung

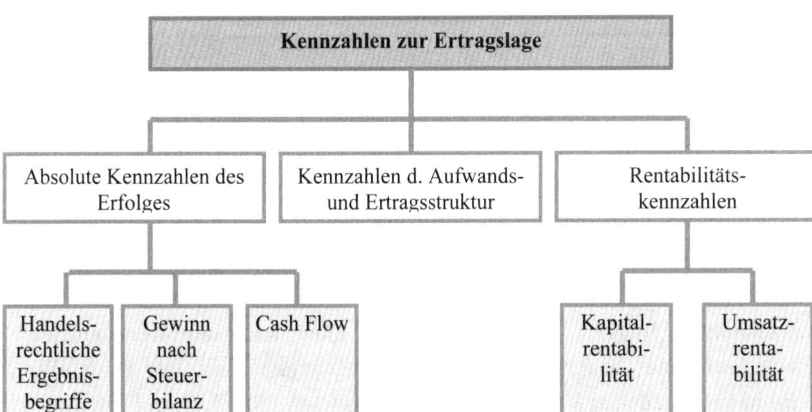

Die wichtigsten Kennzahlen zur Ertragslage sind der Cash Flow und die Rentabilität.

Eine der meistbenutzten Kennzahlen, welche die Ertragskraft eines Unternehmens beschreibt, ist der **Cash Flow.** Der Berechnung des Cash Flow liegt die Idee zugrunde, dass der ausgewiesene Jahresüberschuss bzw. Bilanzgewinn der Unternehmung um diejenigen Leistungen ergänzt wird, die zwar nicht als Gewinn ausgewiesen, aber dennoch aus der Ertragskraft der Unternehmung gespeist werden müssen.

Abb. 43: Berechnung des Cash Flow

	Bilanzgewinn
+	Zuführung zu Rücklagen
./.	Entnahme aus Rücklagen
+	Abschreibungen
=	**Cash Flow I**
±	Veränderung der langfristigen Rückstellungen
±	Veränderung von Wertberichtigungen und Sonderposten
=	**Cash Flow II**
+	a. o. Aufwendungen
./.	a. o. Erträge (ohne Auflösung langfristiger Rückstellungen)
=	**Cash Flow III**

Hierzu gehören vor allem die Rücklagen, die Abschreibungen, die langfristigen Rückstellungen sowie die außerordentlichen Aufwendungen. Ggf. sind diese Positionen um entsprechende Zuführungen zum ausgewiesenen Gewinn zu bereinigen. Es handelt sich hier um Positionen, die nicht zu Aus- oder Einzahlungen führen, so dass der Cash Flow auch als Kennzahl der Finanzkraft eines Unternehmens interpretiert werden kann. Der Cash Flow wird in verschiedenen Varianten berechnet als Cash Flow I, Cash Flow II und Cash Flow III.

Rentabilitätskennzahlen setzen das Ergebnis (Bilanzgewinn, Jahresüberschuss, (Gesamt-)Kapitalgewinn, evtl. Cash Flow) zu einer anderen Größe in Beziehung und zwar im allgemeinen zum eingesetzten Kapital, zum Gesamtkapital und zum Umsatz.

Abb. 44: Die geläufigsten Rentabilitätskennziffern

$$\text{Eigenkapitalrentabilität (EKR)} = \frac{\text{Jahresüberschuss/-fehlbetrag}}{\text{(durchschnittl.) Eigenkapital}}$$

$$\text{Gesamtkapitalrentabilität (GKR)} = \frac{\text{Kapitalgewinn/-verlust}}{\text{(durchschnittl.) Gesamtkapital}}$$

$$\text{Return on Investment (ROI)} = \frac{\text{Jahresüberschuss/-fehlbetrag}}{\text{(durchschnittl.) Gesamtkapital}}$$

$$\text{Brutto-(Netto-)Umsatzrentabilität (UR)} = \frac{\text{Kapitalgewinn (Jahresüberschuss)}}{\text{Nettoumsatzerlöse}}$$

Gibt die Eigenkapitalrentabilität die Verzeinsung des Eigenkapitals an, d.h. die Rendite der Eigetümer, so gibt die Gesamtkapitalrentabilität die Verzinsung des Gesamtkapitals an. Hierbei müssen die Fremdkapitalzinsen hinzugerechnet werden, weil sie den Gewinn bereits schmälerten und - wie der Gewinn die Zinsen des Eigenkapitals - den ‚Gewinn' des Fremdkapitals darstellen[5]. Die Umsatzrentabilität, auch Return on Sales genannt, ist eine wichtige Meßgröße für den Erfolg der betrieblichen Tätigkeiten. Mit 100 multipliziert zeigt sie den prozentualen Anteil des Umsatzes, der in Gewinn umgewandelt wurde.

[5] Vgl. Preißner, 2005, S.212

5.3.2 Kennzahlen zur Vermögens- und Kapitalstruktur

Kennzahlen zur Vermögens- und Kapitalstruktur der Unternehmung werden insbesondere im Hinblick auf ihre Liquidität, die Finanzierung und die Investitionen gebildet.

Abb. 45: Kennzahlen zur Liquidität, Finanzierung und Investition

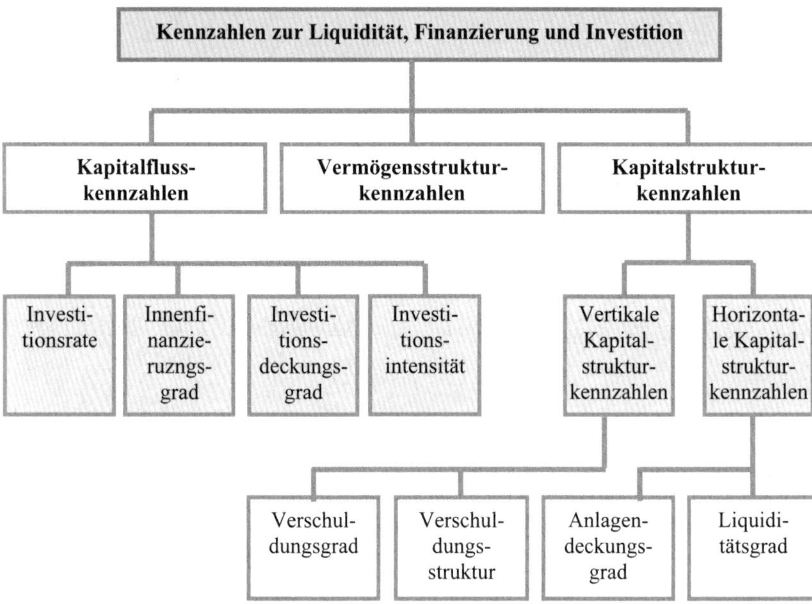

(Schierenbeck 2003, S. 640)

Die wichtigsten Kapitalfluß-, Vermögensstruktur- und Kapitalstrukturkennzahlen berechnen sich wie folgt:

Abb. 46: Kapitalflusskennzahlen

$$\text{Investitionsrate} = \frac{\text{(Anlage-)Investitionen}}{\text{Umsatz}}$$

$$\text{Innenfinanzierungsgrad} = \frac{\text{Cash Flow (Umsatzüberschuss)}}{\text{(Anlage-)Investitionen}}$$

$$\text{Investitionsdeckungsgrad} = \frac{\text{Abschreib. u. Wertbericht. auf Anlagen}}{\text{Anlageinvestitionen}}$$

$$\text{Investitionsintensität} = \frac{\text{Anlageinvestitionen}}{\text{Netto-Anlagevermögen (z. Jahresanf.)}}$$

Während die folgenden vertikalen Vermögens- und Kapitalstrukturregeln den Aufbau und die Zusammensetzung der Aktiv- bzw. der Passivseite der Bilanz analysieren, wollen die horizontalen Kapitalstrukturkennzahlen gedanklich eine Verbindungen zwischen beiden Bereichen herstellen. Da sich alle ausschließlich auf Bilanzwerte beziehen, werden sie auch Bilanzkennzahlen genannt

Abb. 47: (vertikale) Vermögensstrukturkennzahlen

$$\text{Anlageintensität} = \frac{\text{Netto-Anlagevermögen}}{\text{Gesamtvermögen}}$$

$$\text{Vorratsintensität} = \frac{\text{Vorräte}}{\text{Gesamtvermögen}}$$

$$\text{Forderungsintensität} = \frac{\text{Warenforderungen}}{\text{Gesamtvermögen}}$$

$$\text{Kassenmittelintensität} = \frac{\text{liquide Mittel}}{\text{Gesamtvermögen}}$$

Abb. 48: Vertikale Kapitalstrukturkennzahlen

Statischer Verschuldungsgrad $= \frac{\text{Fremdkapital}}{\text{Eigenkapital}}$

Dynamischer Verschuldungsgrad $= \frac{\text{Effektivverschuldung}}{\text{Cash Flow (Umsatzüberschuss)}}$

Kurzfristige Verschuldungsintensität $= \frac{\text{Kurzfristiges Fremdkapital}}{\text{Fremdkapital}}$

Abb. 49: Horizontale Kapitalstrukturkennzahlen

Anlagedeckungsgrad I $= \frac{\text{Eigenkapital}}{\text{(Netto)-Anlagevermögen}}$

Anlagedeckungsgrad II $= \frac{\text{Eigenkapital + langfrist. Fremdkapital}}{\text{(Netto)-Anlagevermögen}}$

Liquidität 1. Grades $= \frac{\text{liquide Mittel}}{\text{kurzfristiges Fremdkapital}}$

Liquidität 2. Grades $= \frac{\text{monetäres Umlaufvermögen}}{\text{kurzfristiges Fremdkapital}}$

Liquidität 3. Grades $= \frac{\text{Umlaufvermögen}}{\text{kurzfristiges Fremdkapital}}$

working capital $= \frac{\text{Umlaufvermögen}}{\text{kurzfristiges Fremdkapital}}$

5.4 Beurteilung der Unternehmung

Auf der Grundlage dieser Kennzahlen kann eine Beurteilung der wirtschaftlichen Situation der Unternehmung vorgenommen werden[6]. Da die Kennzahlen als solche wenig Aussagekraft besitzen, muss sich die Beurteilung auf eine

[6] Sie bieten darüber hinaus aber auch Ansatzpunkte zur Steuerung und zum Controlling des Betriebes.

vergleichende Betrachtung stützen. Je nach der zugrundegelegten Vergleichsbasis kommen hier drei Vorgehensweisen in Betracht:

(1) Periodenvergleich
Der Jahresabschluss und die hieraus berechneten Kennzahlen werden mit den Ergebnissen früherer Perioden verglichen. Durch die Bildung von Zeitreihen werden insbesondere die Entwicklung der Unternehmung im Zeitablauf und die Entwicklungstrends sichtbar.

(2) Betriebsvergleich
Als Vergleichsmaßstab können auch Betriebe herangezogen werden, die in ihrem Produktprogramm, ihrer Größe etc. dem analysierten Unternehmen ähneln, also z.B. Konkurrenzunternehmen. Das Problem des Betriebsvergleichs liegt vor allem darin, dass verschiedene Betriebe zwar durchaus Ähnlichkeiten aufweisen können, sich aber dennoch in vielfacher Hinsicht unterscheiden, so dass jeder Vergleich zwangsläufig an Aussagekraft verlieren muss. Immerhin kann jedoch mit Hilfe des Betriebsvergleiches die relative Lage der Unternehmung im Vergleich zu ihren Konkurrenten, zur Branche oder auch zur Gesamtwirtschaft herausgearbeitet werden. Dies ist besonders dann von Bedeutung, wenn es um die Frage nach der Verursachung einer festgestellten Entwicklung geht. Erleidet eine Unternehmung z.B. einen gravierenden Ertragseinbruch, so kann aufgrund des Betriebsvergleiches die Zurechnung dieser Entwicklung auf unternehmensinterne (z. B. Managementfehler) oder externe Faktoren (z. B. Rezessionen) erfolgen.

(3) Soll-Ist-Vergleich
Als Vergleichsmaßstab bei der Beurteilung einer Unternehmung anhand der errechneten Kennziffern können auch allgemeingültige Normen herangezogen werden, die eine bestimmte Ausprägung der Kennzahlen als günstig oder ungünstig erachten. Das Problem derartiger allgemeiner Normen liegt vor allem darin, dass sie die einzelbetrieblichen Gegebenheiten nicht berücksichtigen können. Es muss deshalb als zweifelhaft angesehen werden, Normen etwa zur Rentabilität, zur Liquidität oder zu anderen Größen aufzustellen, die den Anspruch erheben, für alle Unternehmen, gleich welcher Art, Gültigkeit zu besitzen. Soweit derartige Normen, die zumeist in der Form von Regeln formuliert werden, dennoch zur Beurteilung eines Unternehmens herangezogen werden, ist das Ergebnis mit der gebotenen Vorsicht zu interpretieren. Es kann sich bei

dieser Art der Beurteilung immer nur um eine vorläufige Einschätzung handeln, die im Rahmen des Perioden und/oder Betriebsvergleichs vertieft und abgesichert werden muss.

Die meisten dieser Regeln beziehen sich auf die Finanzierung.

a) **Vertikale Finanzierungsregeln**

- Statischer Verschuldungsgrad ≤ 1
- Dynamischer Verschuldungsgrad $\leq 3{,}5$

b) **Horizontale Finanzierungsregeln**

(1) **Goldene Bilanzregel**
- Anlagendeckungsgrad I ≥ 1

(2) **Modifizierte Bilanzregel**
- Anlagendeckungsgrad II ≥ 1

(3) **Acid-Test-Regel**
- Liquidität 2. Grades ≥ 1

(4) **Current-Ratio-Regel**
- Liquidität 3. Grades ≥ 2

Auch für die hier genannten Finanzierungsregeln gelten die oben genannten Einschränkungen. „Weder horizontale noch vertikale Kapitalstrukturnormen sind mit ihrem quantitativen Unbedingheitsanspruch theoretisch zu begründen. … Das alles lässt nur den Schluss zu, dass Finanzierungsregeln theoretisch nicht zu begründen sind. Diese können allenfalls eine pragmatische Rechtferigung darin finden, dass die Geschäftspartner der Unternehmung, die Kreditinstitute usw. auf ihre Einhaltung (ungeachtet ihrer theoretischen Mängel) achten und hierin einen Qualitätsindikator sehen. … Finanzierungsregeln erlangen in der Praxis also allein dadurch Bedeutung, dass an ihren Wert geglaubt wird“ *(Schierenbeck, 2003, S. 647)*.

5.5 Wiederholungsfragen

	Lösungshinweise siehe Seite
46. Erläutern Sie die Begriffe Bilanzanalyse und Bilanzpolitik.	97
47. Benennen und erläutern Sie die wichtigsten Bilanzpolitischen Instrumente.	98
48. Für die Bilanzanalyse werden die Positionen der Bilanz und der GuV aufbereitet. Stellen Sie zusammen, aus welchen Positionen folgende Sachverhalte gebildet werden.	
- Umlaufvermögen	99
- Eigenkapital	99
- Fremdkapital	100
- Effektivverschuldung	100
- ordentliches Betriebsergebnis	100
- Gesamtleistung	100
- Rohertrag	100
- Finanzergebnis	101
- außerordentliches Ergebnis	101
49. Geben Sie einen Überblick über die wichtigsten Kennzahlen zur Ertragslage der Unternehmen.	103
50. Was ist ein Cash Flow?	104
51. Wie ist der Return on Investment definiert?	105
52. Wie berechnet man die Umsatzrentabilität? Unterscheiden Sie dabei die Brutto- und die Nettorechnung.	105
53. Geben Sie einen Überblick über die Kennzahlen zur Liquidität, Finanzierung und Investition.	106
54. Nennen und erläutern Sie je eine:	
- Kapitalflusskennzahl	107
- Vermögensstrukturkennzahl	107
- vertikale Kapitalstrukturkennzahl	108
- horizontale Kapitalstrukturkennzahl	108

55. Welche typischen Vergleiche werden bei der Bilanzanalyse vorgenommen?	109
56. Was macht die Kapitalstrukturkennzahlen so populär?	110
57. Was besagen die folgenden Regeln:	
- Statischer Verschuldungsgrad	110
- Dynamischer Verschuldungsgrad	110
- Goldene Bilanzregel	110
- Modifizierte Bilanzregel	110
- Acid-Test-Regel	110
- Current-Ratio-Regel	110

6 Kostenrechnung

6.1 Zwecke und Teilbereiche der Kostenrechnung

Aufgabe der Kostenrechnung ist die Erfassung und Verteilung der Kosten, die bei der betrieblichen Leistungserstellung und -verwertung entstehen. Sie betrachtet die gesamten Güter- und Dienstleistungsbewegungen im Leistungsbereich eines Betriebes. Die Erfassung erstreckt sich dabei auf die einzelnen Kostenarten, auf den Ort der Verursachung der Kosten sowie auf die Kosten pro Leistungseinheit. Darüber hinaus dient die Kostenrechnung als Grundlage der kurzfristigen Erfolgsrechnung.

Kosten sind „der bewertete Verbrauch von Gütern und Dienstleistungen für die Herstellung und den Absatz von betrieblichen Leistungen und die Aufrechterhaltung der dafür erforderlichen Kapazitäten“ *(Wöhe/Döring 2005, S. 1078)*.

Die Kostenrechnung kann in folgende Teilbereiche gegliedert werden:

Abb. 50: Teilbereiche der Kostenrechnung

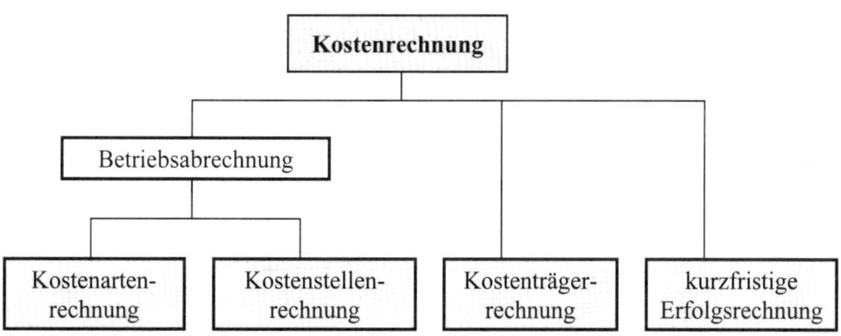

Ausgangsgrößen sind die Kostenarten. Im Rahmen der Kostenstellenrechnung werden die Kostenarten dann auf den Ort ihrer Verursachung verrechnet. Kostenarten- und Kostenstellenrechnung werden dem Bereich der Betriebsbuchhaltung zugerechnet; man spricht deshalb auch von der Betriebsabrechnung. Es ist jedoch nicht nur von Interesse, welche Kosten und wo diese Kosten entstanden sind, sondern auch für welche Produkte oder Dienstleistungen diese Kosten entstanden sind.

Abb. 51: Stufen der Kostenrechnung

Kostenarten	**Welche** Kosten sind angefallen?	z.B. Lohn-, Material-, Energiekosten
Kostenstellen	**Wo** sind die Kosten angefallen?	z.B. Produktion, Verwaltung, Arbeitsvorbereitung, Versand
Kostenträger	**Wofür** sind die Kosten angefallen?	z.B. Produkt X, Dienstleistung Y

Mit den einzelnen Stufen der Kostenrechnung sind auch unterschiedliche Zwecksetzungen verbunden. Grundsätzlich dient die Kostenrechnung, wie das gesamte Rechnungswesen, der vergangenheitsorientierten Dokumentation und Kontrolle, der gegenwartsorientierten Steuerung und der zukunftsorientierten Planung.

Abb. 52: Anwendungsgebiete der Kostenkontrolle

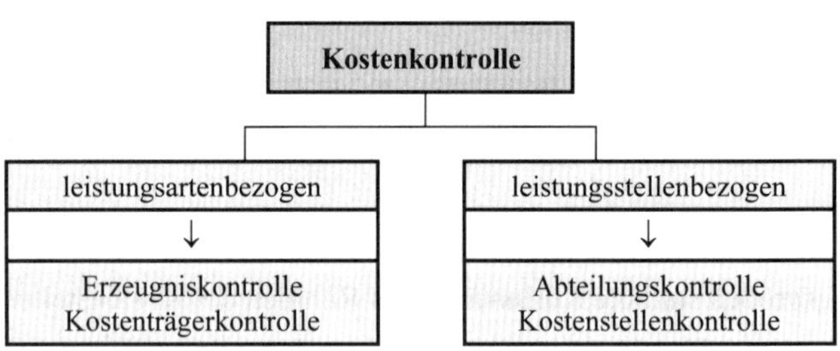

Die vergangenheitsorientierte Betrachtung beinhaltet einerseits die kurzfristige Ermittlung des Betriebserfolges und andererseits die kurzfristige

Kostenkontrolle. Letztere kann sich sowohl auf bestimmte Leistungsarten (Produkte) im Sinne der Nachkalkulation als auch auf die einzelnen Leistungsstellen erstrecken.

Eine weitere Aufgabe der Kostenrechnung ist die Ermittlung der Herstellungskosten für Halb- und Fertigerzeugnisse (Bestandsbewertung).

Die gegenwarts- bzw. zukunftsorientierte Zwecksetzung der Kostenrechnung umfasst zunächst die Ermittlung von Angebotspreisen (Vorkalkulation) und der möglichen Preisuntergrenzen. Aber auch in der Erstellung von Kosteninformationen für die Beschäftigungs-, Sortiments- und Betriebsgrößenplanung kann die Zwecksetzung der Kostenrechnung liegen. Schließlich liefert die Kostenrechnung auch die Informationen für die Investitionsplanung, Finanzplanung und sonstigen Sonderrechnungen.

Abb. 53: Zwecke der Kostenrechnung

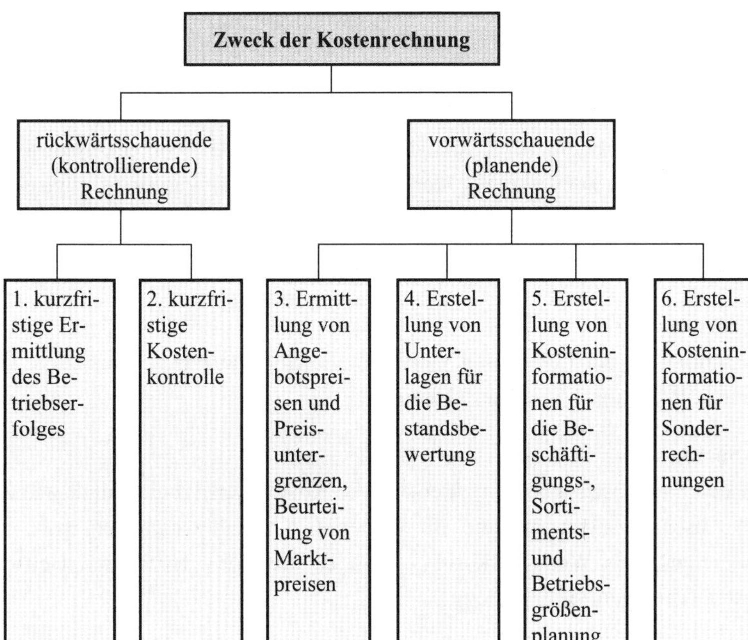

6.2 Kostenartenrechnung

In der Kostenartenrechnung werden alle Kosten erfasst, die bei der Erstellung und Verwertung von Leistungen entstehen. Unter Berücksichtigung der unterschiedlichen Zwecksetzungen der Kostenrechnung lassen sich die Kosten nach verschiedenen Gesichtspunkten gliedern. Dies erfolgt in erster Linie unter folgenden Gesichtspunkten:

Abb. 54: Kriterien der Kostengliederung

6.2.1 Verbrauchsbedingte Kostengliederung

Die verbrauchsbedingte Kostengliederung liegt der Kontenklasse 4 des Gemeinschaftskontenrahmens der Industrie (GKRI) zugrunde (vgl. oben Abschnitt 2.3).

Hierbei lassen sich folgende Kostenartengruppen unterscheiden:

1. Personalkosten
Sie umfassen die Löhne und Gehälter, die Sozialabgaben, aber auch Tantiemen, Provisionen und Betriebsrenten.

2. Sachkosten
Zu den Sachkosten gehören einerseits die Kosten der Arbeitsmittel, wie z.B. die Abschreibungen, Mieten, Büromaterial, Kraftfahrzeugkosten usw., und andererseits die Werkstoffkosten, wie z.B. die Roh-, Hilfs- und Betriebskosten (Brennstoffe, Energien).

Abb. 55: Kostenartengliederung des Kontenrahmens

Bezeichnung der Kostenartengruppen	Erläuterung
40 Fertigungsmaterialverbrauch	Verbrauch von Rohstoffen, bezogenen Teilen, Hilfsmaterial wie z. B. Farben sowie auswärtige Bearbeitung.
41 Gemeinkostenmaterialverbrauch	Verbrauch von Hilfsmaterial, Betriebsstoffen (Schmieröle, Fette, Schleifbänder), Reinigungsmaterial, Packmaterial (soweit nicht Sondereinzelkosten unter 49), Material (einschl. Ersatzteile) für Instandhaltungsarbeiten, Material für Versuchs- und Entwicklungsarbeiten usw.
42 Brennstoffe, Energie und dgl.	Kohle, Heizöl, Betriebsstoffe für Fahrzeuge, gasförmige Brennstoffe (Azetylen usw.), Strom, Gas, Wasser.
43 Löhne und Gehälter	Fertigungslohnkosten (= Löhne für Arbeiten, die unmittelbar zur Erstellung einer bestimmten Leistung/eines Produktes ausgeführt werden), Gemeinkostenlöhne (= Löhne für Arbeiten, die nur mittelbar der Leistungserstellung dienen) sowie Löhne für Fehlzeiten wie Urlaub, Feiertage, Krankheit, Ausbildung, Löhne für Kontrolleure, Lager-, Transport-, Hofarbeiter, Betriebshandwerker, Pförtner usw. Lohnkosten für Ausfall- und Wartezeiten, eigene Instandhaltungsarbeiten, Entwicklungsarbeiten, Überstundenzuschläge, Fahrgelder u. a. m., Gehälter.
44 Sozialkosten	Soziale Abgaben, Arbeitgeberanteil, Beiträge zur Berufsgenossenschaft, Familienausgleichskasse, Weihnachtsgratifikation und sonstige freiwillige soziale Leistungen.
45 Kosten für Instandhaltungsarbeiten und sonstige Leistungen (Fremdanfall)	Instandhaltungskosten für Fabrikgebäude, Maschinen und maschinelle Anlagen, Formen und Werkzeuge, Fahrzeuge, Beleuchtungsanlage usw., fremde Versuchs- und Entwicklungskosten.
46 Steuern, Gebühren, Beiträge, Versicherungen	Vermögensteuer, Grundsteuer, Gewerbesteuer, Kfz-Steuer, Abgaben und Gebühren, Beiträge an Fachverbände, IHK usw., Versicherungen (Feuer-, Haftpflicht-, Unfall-, Kfz-Versicherung usw.).
47 Mieten, Verkehrs-, Büro-, Werbekosten und dgl.	Verkehrskosten sind z. B. allgemeine Transportkosten, Versandkosten (soweit nicht 49), Postkosten
48 Kalkulatorische Kosten	kalkulatorische Abschreibungen, Zinsen, Wagnisse, gegebenenfalls Unternehmerlohn.
49 Sondereinzelkosten	der Fertigung, z. B. Werkzeuge, Vorrichtungen, des Vertriebes, z. B. Umsatzsteuer, Provisionen, Ausgangsverpackung, Ausgangsfrachten.

3. Kapitalkosten

Hierbei handelt es sich einerseits um die Fremdkapitalkosten (Geldbeschaffungskosten, Zinsen) aber auch um die Kosten für das Eigenkapital (kalkulatorische Zinsen).

4. Kosten für Drittleistungen

Zu dieser Kostengruppe sind u.a. Versicherungs-, Beratungs-, Energie- und Telefonkosten zu rechnen.

5. Gebühren, Steuern und Beiträge

Neben den verschiedenen Gebühren (Registergebühren, Erschließungsgebühren, Gebühren der Berufsorganisation usw.) handelt es sich hierbei in erster Linie um die verschiedenen betrieblichen Steuern vom Einkommen, Vermögen und Ertrag.

6.2.2 Funktionale Kostengliederung

Eine weitere Kostenartengliederung orientiert sich an den betrieblichen Grundfunktionen.

Abb. 56: Funktionale Kostengliederung

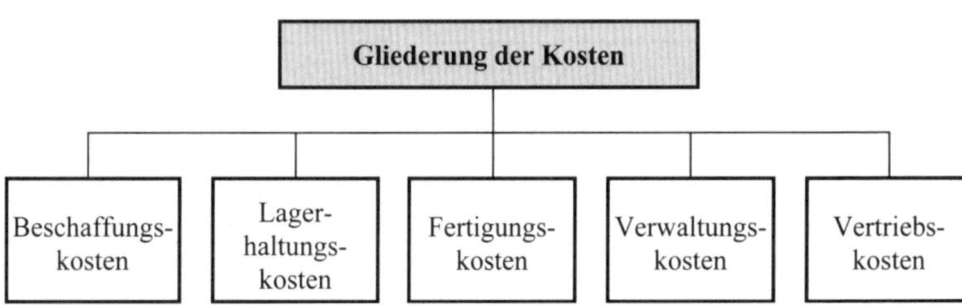

Diese Form einer Systematisierung lässt sich weiter differenzieren. Sie dient dann der Aufteilung der Kostenarten bei einer nach Funktionen gegliederten Kostenstellenrechnung.

6.2.3 Verrechnungsorientierte Kostengliederung

Diese Kostengliederung orientiert sich an der Art der Verrechnung der Kosten auf die Kostenträger und Kostenstellen. Dabei unterscheidet man zwischen Einzel- und Gemeinkosten.

Einzelkosten sind solche Kosten, die den einzelnen Leistungseinheiten (Kostenträgern) bzw. den einzelnen Kostenstellen unmittelbar zugerechnet werden können. Man unterscheidet deshalb zwischen Kostenträgereinzelkosten und Kostenstelleneinzelkosten. Eine bestimmte Kostenart kann dabei im Sinne der Trägerbetrachtung Einzelkosten darstellen, während sie hinsichtlich der Kostenstelle Gemeinkosten darstellt und umgekehrt. So ist beispielsweise das Gehalt des Abteilungsleiters als Kostenstelleneinzelkosten aber als Kostenträgergemeinkosten zu verstehen.

Gemeinkosten sind deshalb solche Kosten, die einem Kostenträger (Kostenträgergemeinkosten) oder einer Kostenstelle (Kostenstellengemeinkosten) nicht direkt zugerechnet werden können. Sie müssen im Wege einer Kostenschlüsselung dem Kostenträger bzw. der Kostenstelle indirekt zugerechnet werden.

6.2.4 Beschäftigungsabhängige Kostengliederung

Die Kostenhöhe der verschiedenen Kostenarten hängt von einer Vielzahl von Einflußgrößen ab. Die wichtigsten Kosteneinflußgrößen sind:

1. der Beschäftigungsgrad (Grad der Kapazitätsauslastung),
2. die Faktorqualität,
3. der Faktorpreis,
4. die Zusammensetzung des Fertigungsprogrammes,
5. die Betriebsgröße.

Die sicherlich wichtigste Einflußgröße ist jedoch der Beschäftigungsgrad.

Die einzelnen Kosten reagieren auf eine Veränderung des Beschäftigungsgrades unterschiedlich. Sie lassen sich durch den Reagibilitätsgrad[7] charakterisieren.

---

[7] Vgl. hierzu und zum Folgenden Olfert 2005, S. 53 ff.

$$\text{Reagibilitätsgrad} = \frac{\text{prozentuale Kostenänderung}}{\text{prozentuale Beschäftigungsänderung}}$$

Man unterscheidet dabei insbesondere fixe Kosten K_f und variable Kosten K_v. Die **Gesamtkosten K** der Leistungserstellung ergeben sich als Addition dieser beiden Größen:

$$K = K_f + K_v$$

Kosten, die auf eine Veränderung des Beschäftigungsgrades nicht reagieren, d.h. der Reagibilitätsgrad ist gleich Null, bezeichnet man als **Fixkosten**. Da diese sehr stark von der zugrunde gelegten Zeitperiode bestimmt werden, nennt man sie auch "zeitabhängige Kosten". Denn grundsätzlich kann festgestellt werden, dass fixe Kosten nur über einen bestimmten Betrachtungszeitraum fix sind. Je länger dieser Betrachtungszeitraum ist, desto größer ist die Wahrscheinlichkeit, dass z.B. bei starker Unterbeschäftigung Maßnahmen zur Kostenreduzierung ergriffen werden. So sind beispielsweise die Kosten der Kostenart "Miete" bei kurzfristiger Betrachtung fix, bei längerem Betrachtungszeitraum jedoch im Rahmen der bestehenden Kündigungsfristen abbaubar.

Darüber hinaus hat sich gezeigt, dass bestimmte Kostenarten nur innerhalb bestimmter Beschäftigungsgrenzen absolut fix sind, sich dann aber ändern. Denn die Breite des betrachteten Beschäftigungsintervalls spielt für eine Analyse der Fixkosten eine wichtige Rolle. Bleiben die Kosten innerhalb des gesamten Beschäftigungsspielraumes konstant, so nennt man sie "**absolut fixe Kosten**" oder "Stillstandskosten". Dagegen nennt man Kosten, die nur innerhalb bestimmter Beschäftigungsintervalle konstant bleiben, "intervall-fixe Kosten" oder "**sprungfixe Kosten**".

Fixkosten (K_f) sind folglich bei zeitraumbezogener Betrachtungsweise konstant, bezieht man sie jedoch auf die produzierten Leistungseinheiten X (fixe Durchschnittskosten: K_f/X), so nimmt der Anteil der Fixkosten pro

Leistungseinheit mit zunehmender Ausbringungsmenge ab. Man spricht von einer **Fixkostendegression**[8].

Abb. 57: Beispiel für die Fixkostendegression

Ausbringungsmenge X	Fixe Kosten K_f	Fixe Durchschnittskosten K_f/X
50	3.000	60
100	3.000	30
150	3.000	20
200	3.000	15

Ob Kosten fix sind oder nicht, hängt auch von der Art der Anpassungsentscheidung des Betriebes ab. Sie entscheidet häufig darüber, ob eine Kostenart bei stark steigender oder sinkender Beschäftigung fix bleibt oder nicht. Unterbleiben bestimmte Anpassungsentscheidungen (z.B. Kündigung der Mieträume, Einstellung eines zusätzlichen Mitarbeiters), so wird die betreffende Kostenart weiterhin in unveränderter Höhe anfallen, d.h. sie wird fix bleiben. Entscheidet die Betriebsführung sich für Änderungen, dann ändern sich auch die fixen Kosten.

Im Zusammenhang mit den fixen Kosten und unterschiedlichen Kapazitätsauslastungen ergibt sich eine weitere Kostenunterscheidung, nämlich die in Nutzkosten und Leerkosten.

Unter **Leerkosten** ist der Teil der fixen Kosten zu verstehen, der auf die nichtgenutzte Kapazität entfällt, während die **Nutzkosten** den der Kapazitätsnutzung entsprechende Fixkostenanteil enthalten. Bei einem Beschäftigungsgrad von Null sind somit alle Fixkosten gleich Leerkosten; bei einem Beschäftigungsgrad von 100 % sind alle Fixkosten gleich Nutzkosten.

[8] Degressiv: Sie sinken in kleiner werdenden Beträgen.

Abb. 58: Nutzkosten und Leerkosten

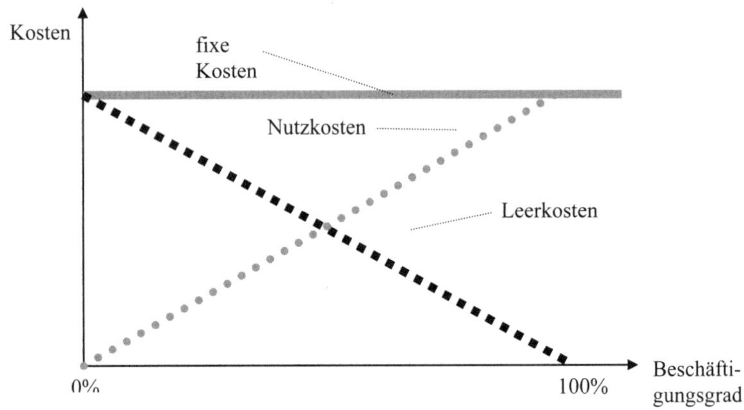

Im Gegensatz zu den Fixkosten sind die **variablen Kosten** vom Beschäftigungsgrad abhängig. Eine Kostenart wird als variabel oder mengenabhängig bezeichnet, wenn sie sich in einem bestimmten Zeitraum und innerhalb bestimmter Beschäftigungsgrenzen bei einer Veränderung der Beschäftigung betragsmäßig verändert. Ihr Reagibilitätsgrad ist ungleich von null.

Nach der Höhe und Art der Veränderung im Verhältnis zur Änderung des Beschäftigungsgrades sind folgende Arten von variablen Kosten zu unterscheiden:

(1) **Proportionale Kosten**
Die vaiablen Kosten reagieren in gleichem Maße wie die Beschäftigung, d.h. die relative Kostenänderung entspricht der relativen Beschäftigungsänderung. Die variablen Kosten je Leistungseinheit, die variablen Durchschnittskosten, bleiben konstant. Der Reagibilitätsgrad ist 1.

Abb. 59: Beispiel für proportionale Kosten

Ausbringungs-menge X	variable Gesamtkosten K_v	variable Durchschnittskosten K_v/X
1	40	40
2	80	40
3	120	40
4	160	40

(2) **Progressive Kosten**

Die Gesamtkosten steigen in stärkerem Maße als die Beschäftigung, d.h. die variablen Kosten erhöhen sich überproportinal zur Steigerung der Beschäftigung. Die variablen Kosten je Leistungseinheit steigen ebenfalls an. Der Reagibilitätsgrad ist größer als 1.

Abb. 60: Beispiel für progressive Kosten

Ausbringungs-menge X	Variable Gesamtkosten K_v	Variable Durchschnittskosten K_v/X
1	32	32
2	68	34
3	108	36
4	152	38

(3) **Degressive Kosten**

Die Gesamtkosten steigen in geringerem Maße als die Beschäftigung. Die variablen Kosten erhöhen sich unterproportional zur Steigerung der Beschäftigung, so dass die variablen Kosten je Leistungseinheit absinken. Der Reagibilitätsgrad ist kleiner als 1.

Abb. 61: Beispiel für degressive Kosten

Ausbringungs-menge X	variable Gesamtkosten K_v	variable Durchschnittskosten K_v/X
1	40	40
2	76	36
3	108	32
4	136	28

Viele Kostenarten sind jedoch weder als völlig fix noch als völlig variabel anzusehen. Diese Kostenarten bezeichnet man als **Mischkosten**, weil sie aus fixen und variablen Elementen bestehen. Beispiel für eine solche Mischkostenart sind etwa die Telefonkosten, wenn sie sich aus einer fixen Grundgebühr und den variablen Kosten pro Gesprächseinheit zusammensetzen. Die zeitraumbezogene Kostenkurve beginnt dann in Höhe der Fixkosten und steigt weiter proportional an. Bei einer leistungsbezogenen Betrachtungsweise zeigt sich, dass die Kosten pro Leistungseinheit mit zunehmender Stückzahl degressiv verlaufen.

Eine weitere wichtige Kostengröße, mit der man die Verhaltensweise von Kostenarten in Abhängigkeit von der Beschäftigung beschreiben kann, sind die sogenannten Grenzkosten.

Grenzkosten sind die Kosten, die bei Erstellung einer zusätzlichen Leistungsmengeneinheit entstehen bzw. bei Verzicht auf die Erstellung einer Leistungsmengeneinheit entfallen.

Bei linearem Kostenverlauf, wie er in der Praxis meist unterstellt wird, sind die Grenzkosten identisch mit den variablen Kosten je Leistungseinheit. Bei nichtlinearen Kostenverläufen liegen zu jedem Beschäftigungsgrad andere Grenzkosten vor und die variablen Kosten entsprechen nicht den Grenzkosten.

Abb. 62: Zusammenhang zwischen verrechnungs- und beschäftigungsabhängigen Kostengliederungen

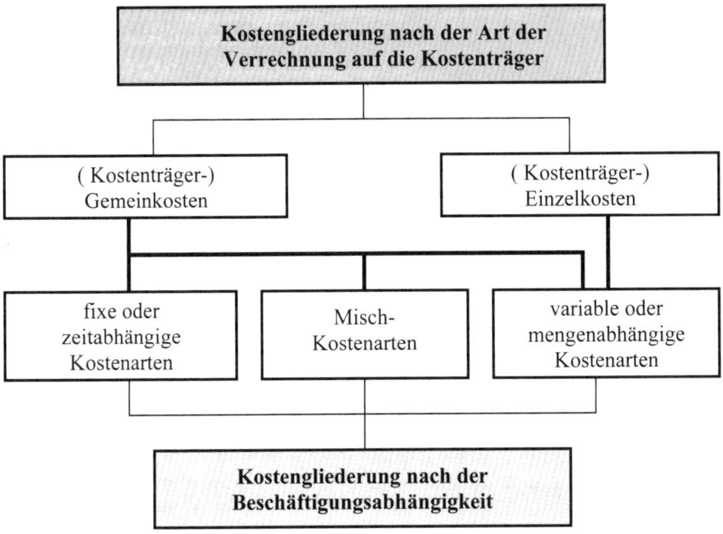

Welche der genannten Kostenartengliederung jeweils Anwendung findet, wird vom verfolgten Zweck bestimmt. Zum Zwecke der Kostenstellenrechnung werden die Kostenarten in der Regel nach dem Verbrauchscharakter, wie er in der Kontenklasse 4 des GKRI zum Ausdruck kommt, gegliedert. In der Kostenträgerrechnung wird dagegen mit den Begriffspaaren Fixkosten und variable Kosten sowie Einzel- und Gemeinkosten gearbeitet. Dies gilt auch für die meisten Sonderrechnungen. Dabei ist jedoch festzuhalten, dass die Begriffspaare variable und fixe Kosten bzw. Einzel- und Gemeinkosten in der Regel nicht identisch sind. Zwar sind meist Einzelkosten variable Kosten und gleichzeitig Grenzkosten (bei linearem Kostenverlauf), dagegen können die Gemeinkosten, insbesondere die Kostenträgergemeinkosten, fixe, variable und Mischkostenarten beinhalten. Umgekehrt kann festgestellt werden, dass fixe und Mischkostenarten stets Gemeinkosten sind.

6.3 Kostenstellenrechnung

An die Kostenartenrechnung schließt sich die Kostenstellenrechnung an. Unter der Kostenstellenrechnung, die auch als Betriebsabrechnung bezeichnet wird, versteht man die Verrechnung der Kostenarten auf den Ort ihrer Verursachung (**Kostenstellen**).

Als Kostenstelle bezeichnet man einen betrieblichen Bereich, der nach kostenrechnerischen Gesichtspunkten abgegrenzt ist und kostenrechnerisch selbständig abgerechnet wird. Dies können Arbeitssysteme beliebiger Größe (Arbeitsplatz, Stellen, Teams, Abteilungen usw.) sein.

6.3.1 Zwecke der Kostenstellenrechnung

Grundsätzlich können zwei Aufgaben der Kostenstellenrechnung unterschieden werden:

1. die Vorbereitung der Kostenträgerrechnung und
2. die Kostenstellenkontrolle.

Zunächst dient die Kostenstellenrechnung der Vorbereitung der Kostenträgerrechnung. Betrachtet man lediglich die Kostenträgereinzelkosten, so ist eine Kostenstellenrechnung überflüssig, denn die Trägereinzelkosten können direkt je Leistungseinheit erfasst werden. Dagegen ist die direkte Erfassung der Kostenträgergemeinkosten bei der Leistungsart oder der einzelnen Leistungseinheit nicht möglich. Diese Gemeinkosten müssen vielmehr zunächst über die beanspruchten Kostenstellen verrechnet werden, um sie dann den Kostenträgern anlasten zu können.

Soll die Kostenstellenrechnung jedoch über die Vorbereitung der Kostenträgerrechnung hinaus der Kontrolle der einzelnen Kostenstellen dienen, so sind auch die Trägereinzelkosten zunächst auf die Kostenstellen zu verrechnen. Erst durch die Zurechnung von Trägereinzel- und Trägergemeinkosten auf die jeweiligen Kostenstellen wird eine Lokalisierung aller denkbaren Kostenbewegungen möglich.

Es ergibt sich somit in Abhängigkeit von der Zwecksetzung der Kostenstellenrechnung ein unterschiedlicher Weg der Verrechnung von Trägergemein- und Trägereinzelkosten.

Abb. 63: Die Kostenartenverrechnung bei unterschiedlicher Zwecksetzung der Kostenstellenrechnung

1. Traditionelle Rechnungszwecke; Vorbereitung der Kostenträgerrechnung (Nachkalkulation und Betriebserfolgsrechnung):

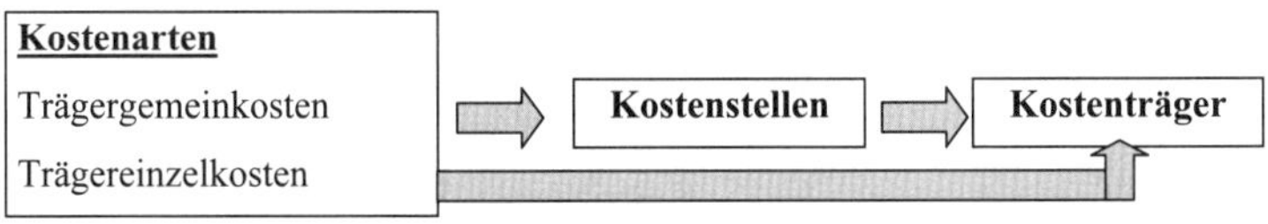

2. Wirtschaftlichkeitskontrolle; Kostenstellenkontrolle

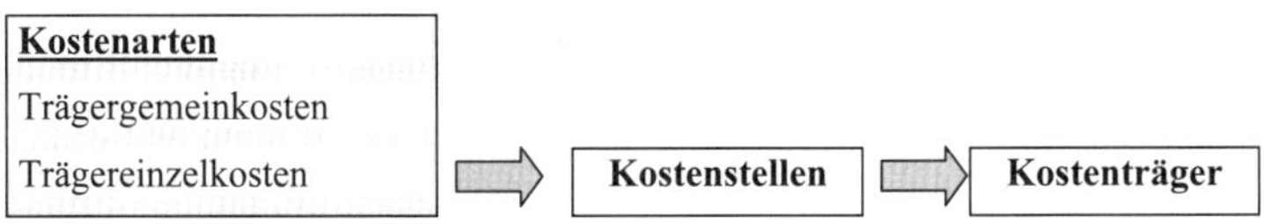

Die Aufgabe der Kostenstellenkontrolle ist zwar auch denkbar im Rahmen eines Periodenvergleiches der entstandenen Kosten (Ist-Kosten), jedoch wird die eigentliche Kontrollfunktion nur dann erreicht, wenn die Istkosten mit Plangrößen (Sollkosten) konfrontiert werden. Ein reiner Istkostenvergleich über mehrere Perioden kann dazu führen, dass lang anhaltender „Schlendrian" einer Kostenstelle verglichen wird, ohne Änderungsaktivitäten auszulösen. Insofern wird die Aufgabe der Kostenstellenkontrolle in erster Linie bei der Sollkostenrechnung bedeutsam.

6.3.2 Kriterien der Kostenstellenbildung und Arten der Kostenstellen

Die Gliederung von Kostenstellen hängt in erster Linie von den konkreten betrieblichen Verhältnissen ab und ist deshalb von Wirtschaftszweig zu Wirtschaftszweig unterschiedlich. Grundsätzlich können als Kriterien zur Bildung von Kostenstellen der funktionale, räumliche und organisatorische Aspekt genannt werden. In Einzelfällen können auch Kostenkriterien ausschlaggebend sein.

Abb. 64: Kriterien der Kostenstellenbildung

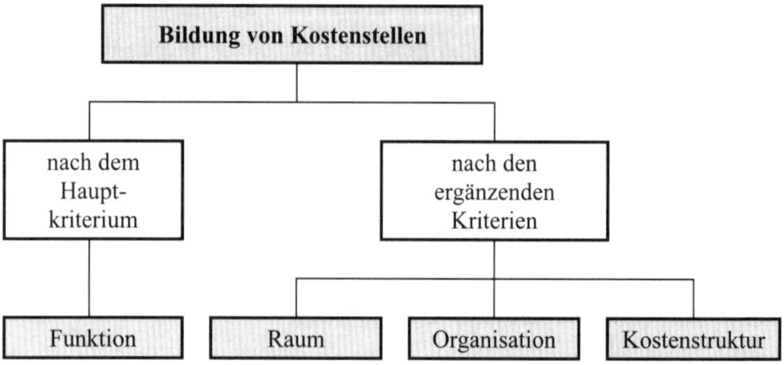

Im Industriebetrieb werden die Kostenstellen in erster Linie unter dem Funktionsgesichtspunkt gebildet, wobei sich dann meist folgende Kostenstellenbereiche ergeben:

Abb. 65: Kostenstellenbereiche bei funktionaler Kostenstellenbildung

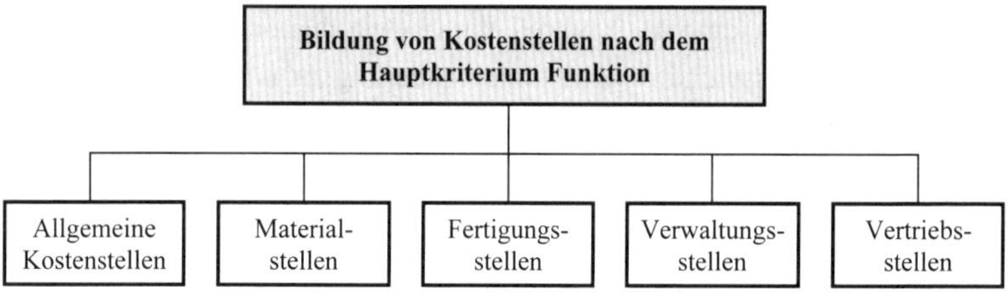

Eine Gliederung nach räumlichen Gesichtspunkten wird in erster Linie bei Betrieben mit dezentralisierten Standorten zweckmäßig sein, wenn die Kostenstellenrechnung zur Kontrolle der Zweigbetriebe dient. Das Kriterium Raum ist somit als Grundkriterium auch bei den in der Regel dezentralisierten Behörden angebracht. Allerdings wird eine solche Gliederung dann immer durch eine funktionsorientierte Gestaltung der Kostenstellen zu ergänzen sein.

Dies gilt in gleichem Umfange für die Bildung von Kostenstellen unter dem organisatorischen Aspekt, d.h. einer Gliederung nach Zuständigkeitsbereichen und Verantwortungsbereichen. Eine Bildung der Kostenstellen entsprechend der Kostenstruktur wird nur in Ausnahmefällen, etwa im Interesse von Sonderrechnungen (Investitions-, Finanzplanungen usw.), zweckmäßig sein.

Unabhängig von den Kriterien der Kostenstellenbildung lassen sich drei Arten von Kostenstellen (Kostenstellenkategorien) unterscheiden, und zwar:

1. **Allgemeine Kostenstellen**

Es handelt sich hierbei um Stellen, die nicht unmittelbar mit der betrieblichen Leistungserstellung in Verbindung stehen, sondern in erster Linie die Voraussetzungen für den Leistungserstellungsprozeß bilden. Zu diesen allgemeinen Kostenstellen gehören insbesondere die Verwaltungsstellen, aber auch die Energie- und Wasserversorgung, die Kantine usw.

2. **Hauptkostenstellen**

Hauptkostenstellen sind die Kostenstellen, die unmittelbar mit dem Leistungsprozeß zu tun haben und deren Kosten deshalb nicht auf andere Kostenstellen sondern direkt auf die Kostenträger verrechnet werden. Im Industriebetrieb sind dies die Fertigungshauptstellen (Bohrerei, Dreherei usw.) und die Vertriebs- und Verwaltungshauptstellen (Inlandsvertrieb, Export usw.).

Im Handel bezeichnet man als Hauptkostenstellen in der Regel nur die Verkaufsabteilungen für bestimmte Artikelgruppen. Die Vertriebsstellen (Werbung, Verpackung usw.) werden dagegen meist den Hilfskostenstellen zugerechnet.

3. **Hilfskostenstellen**

Zu den Hilfskostenstellen zählen solche Stellen, die ihre Leistung an eine Hauptkostenstelle abgeben. Im Industriebetrieb wird in der Regel zwischen Fertigungs- (Arbeitsvorbereitung, Reparaturwerkstatt, Lohnbüro usw.), Material- (Einkauf, Lagerung, Fuhrpark, Innentransport) und Vertriebshilfsstellen (Verpackung, Werbung) unterschieden. Im Handel wird weitgehend zwischen Hilfskostenstellen des allgemeinen Betriebes, der Beschaffung und Lagerung, des Absatzes und der Verwaltung (sofern keine allgemeine Kostenstelle vorgesehen wird) unterschieden.

Abb. 66: Beispiel einer industriellen Gliederung der Kostenstellenkategorien

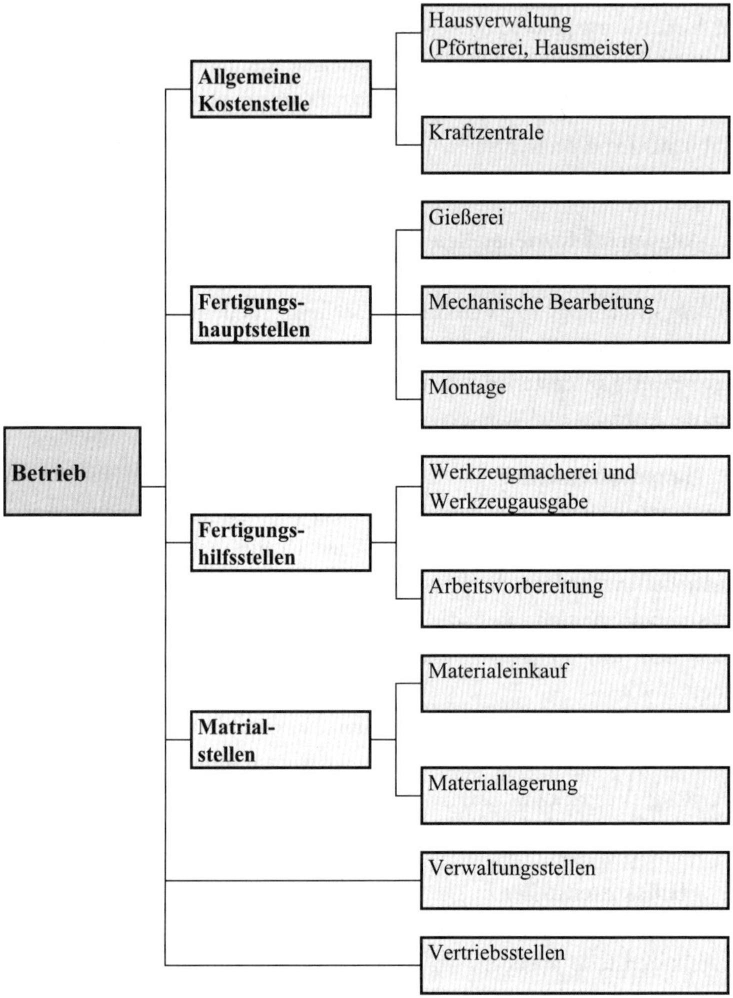

6.3.3 Durchführung der Kostenstellenrechnung

Die Zwecksetzung der Kostenstellenrechnung besteht zunächst in der Vorbereitung der Kostenträgerrechnung.

Abb. 67: Kostenstellenrechnung als Verbindung von Kostenarten- und Kostenträgerrechnung

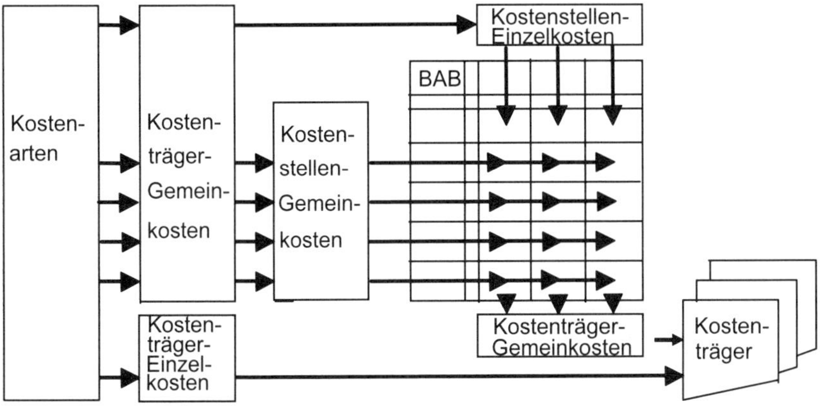

Bei dieser Zwecksetzung kann die Verrechnung der Kostenträgereinzelkosten unmittelbar auf die Kostenträger erfolgen. Dagegen sind die Kostenträgergemeinkosten (auch die Kostenstellengemeinkosten) zunächst über die Kostenstellenrechnung zu verrechnen, entsprechend des Verursacherprinzips.

Dient die Kostenstellenrechnung auch der Kostenstellenkontrolle, so sind auch die Kostenträgereinzelkosten über die Kostenstellenrechnung zu führen.

6.3.3.1 Erfassung der primären Stellenkosten

Der erste Rechenschritt der Kostenstellenrechnung besteht in der Verteilung der Kostenarten auf die Kostenstellen. Die aus der Buchhaltung übernommenen Kostenartensummen oder aus der Kostenartenrechnung ermittelten Kostenarten sind auf die Stellen umzulegen, in denen diese Kosten erstmalig angefallen sind. Diesen Rechenschritt bezeichnet man als die Ermittlung der **primären Stellenkosten**.

Zweckmäßigerweise werden die Erfassungsgrundlagen der einzelnen Kostenarten, wie z.B. Rechnungen, Materialscheine, Lohnlisten usw., ebenfalls dokumentiert.

Für die spätere Kostenumlage ist weiterhin erforderlich, dass die Verteilungsschlüssel bestimmt werden, d.h., welche Kostenarten direkt (Stelleneinzelkosten) und welche indirekt (Stellengemeinkosten) umgelegt werden sollen. Bei den Stellengemeinkosten werden dann die Verteilungsgrundlagen (**Schlüsselgrößen**) benötigt.

Bei der Bestimmung der Schlüsselgrößen lassen sich

- einfache Schlüssel und
- kombinierte Schlüssel

unterscheiden.

Einfache Schlüssel bestehen aus einer Schlüsselgröße und werden somit nur in einer Einheit (z.B. m^2) angegeben. Dabei kann noch unterschieden werden, ob es sich um feste Schlüssel oder veränderliche Schlüssel handelt. Feste Schlüssel verändern sich grundsätzlich nicht (z.B. Nutzfläche für die Verrechnung der Miete), während veränderliche Schlüssel sich pro Abrechnungsperiode verändern können (z.B. gefahrene Kilometer für die Verrechnung der KfZ-Kosten).

Kombinierte Schlüssel bestehen dagegen aus mindestens zwei Schlüsselgrößen und werden deshalb in mehrfachen Einheiten angegeben (z.B. gefahrene Tonnen-Kilometer für die Verrechnung der LKW-Kosten). Die kombinierten Schlüssel werden verwendet, weil man sich damit eine verursachungsgerechtere Kostenumlage als bei einfachen Schlüsseln vorstellt.

Für die Verwendung von Kostenverteilungsschlüsseln gelten folgende Grundsätze:

1. Der Verteilungsschlüssel soll so gewählt sein, dass eine Änderung der als Schlüsselbasis gewählten Bezugsgröße eine möglichst proportionale Änderung der zu verteilenden Kosten hervorruft (Verursachungsprinzip).

2. Wenn keine verursachungsgerechten Verteilungsschlüssel gefunden werden können, sollte eine andere Kostenstellengliederung erwogen werden.
3. Ein Kostenverteilungsschlüssel sollte nicht ohne zwingenden Grund geändert werden, weil sonst eine Vergleichbarkeit der Periodenkosten nicht mehr möglich ist.

Der oft schwierigen Ermittlung verursachungsgerechter Kostenverteilungsschlüssel wegen versucht man, möglichst viele Kostenträger-Gemeinkosten als Kostenstellen-Einzelkosten zu verrechnen. Wo dies nicht möglich ist, versucht man die entsprechenden Einzelkosten als Verteilungsgrundlage für die Gemeinkosten heranzuziehen (z.B. der freiwillige Sozialaufwand wird nach Maßgabe der in den Stellen angefallenen Fertigungslöhne verrechnet). Dies setzt allerdings voraus, dass die Einzelkosten ebenfalls auf die Kostenstellen (Hauptkostenstellen) verrechnet worden sind.

Der erste Schritt der Kostenumlage, die Ermittlung der primären Stellenkosten, findet - wie die gesamte Kostenumlage innerhalb der Kostenstellenrechnung - üblicherweise im **Betriebsabrechnungsbogen (BAB)** ihren Niederschlag. Der BAB ist ein technisches Instrument der Kostenstellenrechnung und dient der deutlichen Darstellung der Kostenumlage. Er ist eine tabellarische Übersicht, in der horizontal die Kostenstellen und vertikal die zu verteilenden Kostenarten aufgeführt werden. In den ersten Spalten des BAB stehen neben der Kostenart die Erfassungsgrundlagen, die Verteilungsschlüssel und die Höhe der zu verrechnenden Kosten.

Abb. 68: Aufbau eines Betriebsabrechnungsbogens

Spalte	Kostenstellen					Fertigungshauptkostenstellen						
Zeile	Kostenarten	Erfassungsgrundlage	Verteilungsschlüssel	zu verrechnende Kosten	Allgemeine Kostenstelle	A	B	C	Fertigungshilfskostenstelle	Materialkostenstelle	Verwaltungskostenstelle	Vertriebskostenstelle
1	2	3	4	5	6	7	8	9	10	11	12	13
2	Gemeinkostenmaterial	Materialscheine	direkt	9 380								
3	Energiekosten	Rechnungen	Verbraucher	6 500								
4	Hilfslohnkosten	Lohnscheine	direkt	14 600								
5	Gehaltskosten	Gehaltsliste	Tätigkeitenschlüssel	21 300								
6	Sozialkosten	Lohn und Gehaltsliste	proportional zu Lohn-und Gehaltskosten	40 878								
7	Fremdinstandhaltungskosten	Rechnungen	direkt	7 180								
8	Steuern, Beiträge, Gebühren, Versicherungen	Rechnungen	verschiedene Schlüssel	5 400								
9	Mietkosten	Rechnungen	genutzte Fläche	9 480								
10	Kalkulatorische Abschreibungen und Zinsen	Jahrestabellen	Restwerte, betriebsnotwendige Verrechnungen.	12 586								
11	Sonstige Kosten	Rechnungen	direkt	1 470								
12	Summe der Kosten je Kostenstelle	Zeilen 2 bis 11		128774								

Ausgehend von dem dargestellten BAB sind nun die primären Stellenkosten zu ermitteln. Dabei werden die Kostenstelleneinzelkosten, entsprechend der Erfassungsgrundlage, direkt den Kostenstellen zugerechnet. Für das Gemeinkostenmaterial könnte sich beispielsweise folgende Verteilung ergeben:

Abb. 69: Verteilung des Gemeinkostenmaterials

Kostenstelle	Verbrauch in € laut Materialschein-abrechnung
Allgemeine Kostenstelle	470,--
Fertigungshauptkostenstelle A	3.120,--
Fertigungshauptkostenstelle B	2.080,--
Fertigungshauptkostenstelle C	1.740,--
Fertigungshilfskostenstelle	860,--
Materialkostenstelle	490,--
Verwaltungskostenstelle	300,--
Vertriebskostenstelle	320,--
	9.380,--

Entsprechend sind auch die übrigen Kostenstelleneinzelkosten (Hilfslohnkosten, Fremdinstandhaltungskosten, sonstige Kosten) auf die Kostenstellen direkt zu verrechnen. Dabei könnte beispielsweise bei den Hilfslohnkosten von den geleisteten Fertigungsstunden und dem Lohnverrechnungssatz der betroffenen Kostenstelle ausgegangen werden, bei den übrigen Kostenarten von den vorliegenden Rechnungen.

Die Kostenstellen-Gemeinkosten werden nach dem für die entsprechende Kostenart geltenden Verteilungsschlüssel auf die Kostenstellen verrechnet.

Abschließend würde sich dann folgende Erfassung der primären Stellenkosten im BAB ergeben.

Abb. 70: Berechnungsbeispiel mit dem BAB

Spalte	Kostenstellen					Fertigungshauptkostenstellen						
Zeile	Kostenarten	Erfassungsgrundlage	Verteilungsschlüssel	zu verrechnende Kosten	Allgemeine Kostenstelle	A	B	C	Fertigungshilfskostenstelle	Materialkostenstelle	Verwaltungskostenstelle	Vertriebskostenstelle
1	2	3	4	5	6	7	8	9	10	11	12	13
2	Gemeinkostenmaterial	Materialscheine	direkt	9 380	470	3 120	2 080	1 740	860	490	300	320
3	Energiekosten	Rechnungen	Verbraucher	6 500	890	1 950	1 020	1 510	740	150	120	120
4	Hilfslohnkosten	Lohnscheine	direkt	14 600	3 600	4 100	3 050	1 600	1 820	430	--	--
5	Gehaltskosten	Gehaltsliste	Tätigkeitenschlüssel	21 300	2 200	2 900	2 600	2 200	2 500	2 000	3 000	3 900
6	Sozialkosten	Lohn und Gehaltsliste	proportional zu Lohn-und Gehaltskosten	40 878	3 480	11 442	8 850	8 916	2 592	1 458	1 800	2 340
7	Fremdinstandhaltungskosten	Rechnungen	direkt	7 180	1 650	1 970	1 300	860	1 050	150	200	--
8	Steuern, Beiträge, Gebühren, Versicherungen	Rechnungen	verschiedene Schlüssel	5 400	620	260	540	810	520	1 190	1 180	280
9	Mietkosten	Rechnungen	genutzte Fläche	9 480	3 205	1 925	1 405	600	600	750	405	590
10	Kalkulatorische Abschreibungen und Zinsen	Jahrestabellen	Restwerte, betrienbsnotwendige Verrechnugen.	12 586	968	2 533	1 210	2 835	2 260	1 578	615	587
11	Sonstige Kosten	Rechnungen	direkt	1 470	120	180	90	--	210	160	570	140
12	Summe der Kosten je Kostenstelle	Zeilen 2 bis 11		128774	17 203	30 380	22 145	21 071	13 152	8 356	8 190	8 277

6.3.3.2 Ermittlung der sekundären Stellenkosten

Im zweiten Schritt der Kostenstellenrechnung erfolgt nun die Verrechnung innerbetrieblicher Leistungen. Man spricht auch von der Ermittlung der **sekundären Stellenkosten**. Diese Verrechnung wird deshalb erforderlich, weil es Kostenstellen gibt (Allgemeine Kostenstellen, Hilfskostenstellen), die ihre Leistung nicht direkt für einen Kostenträger, sondern für andere Kostenstellen erbringen. Das Grundprinzip der Stellenverrechnung nach dem BAB-Verfahren lässt sich grafisch wie folgt verdeutlichen:

Abb. 71: Grundprinzip der Stellenverrechnung nach dem BAB-Verfahren

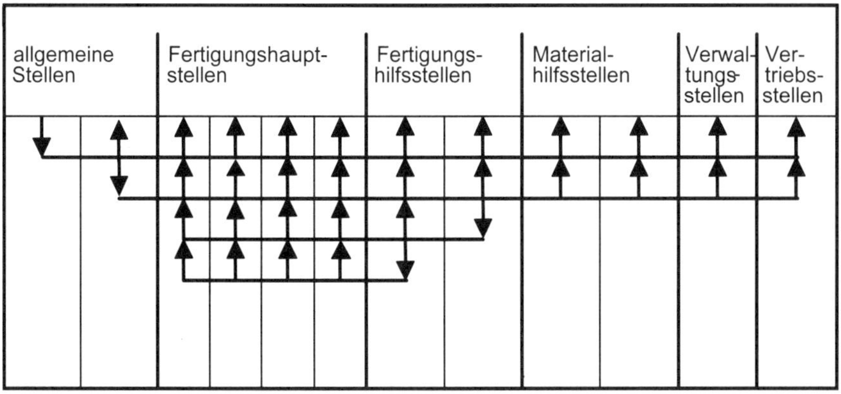

Bei der Verrechnung der Stellenkosten im BAB wird unterstellt, dass nur einseitige Leistungsverflechtungen vorliegen. In diesem Falle wird die leistende Stelle, nachdem ihre Kosten verrechnet sind, durch die weitere Abrechnung nicht mehr berührt. Man kann somit stufenweise die Kosten von Stelle zu Stelle verrechnen. Diese Vorgehensweise bezeichnet man als BAB-Verfahren oder **Stufenumlageverfahren**. Findet ein gegenseitiger Leistungsaustausch zwischen zwei Stellen statt, so muss zunächst im Wege des Gutschrift-Lastschrift-Verfahrens die Kostenkorrektur der betroffenen Stellen erfolgen.

Ausgehend von dem oben dargestellten Beispiel beginnt die Stellenverrechnung mit der Verteilung der Kosten der "Allgemeinen Kostenstelle" auf die übrigen Kostenstellen. Das Beispiel unterstellt als Verteilungsschlüssel die "genutzte Fläche", so dass die Gesamtkosten der "Allgemeinen Kostenstelle" von € 17.203,-- entsprechend dem Flächenbedarf der einzelnen Kostenstellen aufgeteilt werden.

Als nächster Verrechnungsvorgang ist dann die "Fertigungshilfskostenstelle" mit Kosten von € 14.797,-- auf die Fertigungshauptkostenstellen zu verrechnen. Als Verteilungsschlüssel wird hierbei die "Beschäftigtenzahl" herangezogen.

Nach diesen beiden Verrechnungen ergibt sich in dem Beispiel folgende Kostenverteilung:

Abb. 72: Kostenverteilung nach dem BAB

Spalte / Zeile	Kostenstellen / Kostenarten	Erfassungsschlüssel	Verteilungsschlüssel	zu verrechnende Kosten	Allgemeine Kostenstelle	Fertigungshauptkostenstellen A	B	C	Fertigungshilfskostenstelle	Materialkostenstelle	Verwaltungskostenstelle	Vertriebskostenstelle
1	2	3	4	5	6	7	8	9	10	11	12	13
2	Gemeinkostenmaterial	Materialscheine	direkt	9 380	470	3 120	2 080	1 740	860	490	300	320
3	Energiekosten	Rechnungen	Verbraucher	6 500	890	1 950	1 020	1 510	740	150	120	120
4	Hilfslohnkosten	Lohnscheine	direkt	14 600	3 600	4 100	3 050	1 600	1 820	430	--	--
5	Gehaltskosten	Gehaltsliste	Tätigkeitenschlüssel	21 300	2 200	2 900	2 600	2 200	2 500	2 000	3 000	3 900
6	Sozialkosten	Lohn/Gehaltsliste	proportional Lohn/Gehalt	40 878	3 480	11 442	8 850	8 916	2 592	1 458	1 800	2 340
7	Fremdinstandhaltungskosten	Rechnungen	direkt	7 180	1 650	1 970	1 300	860	1 050	150	200	--
8	Steuern, Beitr., Gebühren, Vers.	Rechnungen	verschiedene Schlüssel	5 400	620	260	540	810	520	1 190	1 180	280
9	Mietkosten	Rechnungen	genutzte Fläche	9 480	3 205	1 925	1 405	600	600	750	405	590
10	Kalkul. Abschr. und Zinsen	Jahrestabellen	Restwerte, betr.notw. V.	12 586	968	2 533	1 210	2 835	2 260	1 578	615	587
11	Sonstige Kosten	Rechnungen	direkt	1 470	120	180	90	--	210	160	570	140
12	Summe Kosten je Kostenstelle	Zeilen 2 bis 11		128774	17 203	30 380	22 145	21 071	13 152	8 356	8 190	8 277
13	Umlage der allg. Kostenst.	Spalte 6, Zeile 12	genutzte Fläche	17 203		5 278	3 852	1 645	1 645	2 056	1 110	1 617
14	Summe Gemeink. nach Umlage	Zeile 12 Zeile 13		128774		35 658	25 997	22 716	14 797	10 412	9 300	9 894
15	Umlage Kosten F.hilfskostenst.	Spalte 10, Zeile 14	Beschäftigtenzahl	14 797		8 508	3 699	2 590				

6.3.3.3 Ermittlung der Gemeinkosten-Verrechnungssätze

Im dritten Schritt der Kostenstellenrechnung werden nun die Kosten-Stellen-Einzelkosten einbezogen.

Der bisher ermittelten Summe der Kostenträger-Gemeinkosten der Fertigungshauptkostenstellen (€ 99.168,--) werden zunächst die Fertigungslöhne (€ 32.230,--), wie sie sich aus der Buchhaltung ergeben und nachdem sie auf die Fertigungshauptkostenstellen verteilt wurden, hinzugerechnet. Das Ergebnis bezeichnet man als Fertigungskosten (€ 131.398,--).

Anschließend werden die Materialeinzelkosten aufgrund der Materialscheine erfasst (€87.260,--) und mit den Materialgemeinkosten (€ 10.412,--) der Materialkostenstelle addiert. Die Summe ergibt die Materialkosten (€ 97.672,--).

Durch Addition der Fertigungskosten und der Materialkosten ergeben sich die Herstellkosten (€ 131.398,-- + € 97.672,-- = € 229.070,--).

Nun werden zu den Herstellkosten die Verwaltungsgemeinkosten (€ 9.300,--), wie sie sich aus der Kostenstelle "Verwaltungskostenstelle", und die Vertriebsgemeinkosten (€ 9.894,--), wie sie sich aus der Kostenstelle "Vertriebskostenstelle" ergeben, hinzugerechnet. Als Ergebnis erhält man die **Herstellkosten** oder **Selbstkosten**, die in dieser Rechnung wieder der Summe aus Kostenstelleneinzel- und Kostenstellengemeinkosten entsprechen.

Die **Ermittlung der Selbstkosten** erfolgt somit nach folgendem Schema:

Fertigungslohnkosten		
+ Fertigungsgemeinkosten	=	Fertigungskosten
Materialeinzelkosten		+
+ Materialgemeinkosten	=	Materialkosten
	=	**Herstellkosten**
	+	Verwaltungsgemeinkosten
	+	Vertriebsgemeinkosten
	=	**Selbstkosten**

Für das bisherige Beispiel ergeben sich somit folgende Herstellkosten und Selbstkosten:

Abb. 73: Herstell- und Selbstkosten

Sp. / Zeile	Kostenstellen / Kostenarten	Erfassungsschlüssel	Verteilungsschlüssel	zu verrechnende Kosten	Allgemeine Kostenstelle	Fertigungshauptkostenstellen A	B	C	Fertigungshilfskostenstelle	Materialkostenstelle	Verwaltungskostenstelle	Vertriebskostenstelle
1	2	3	4	5	6	7	8	9	10	11	12	13
2	Gemeinkostenmaterial	Materialscheine	direkt	9 380	470	3 120	2 080	1 740	860	490	300	320
3	Energiekosten	Rechnungen	Verbraucher	6 500	890	1 950	1 020	1 510	740	150	120	120
4	Hilfslohnkosten	Lohnscheine	direkt	14 600	3 600	4 100	3 050	1 600	1 820	430	--	--
5	Gehaltskosten	Gehaltsliste	Tätigkeitenschlüssel	21 300	2 200	2 900	2 600	2 200	2 500	2 000	3 000	3 900
6	Sozialkosten	Lohn/Gehaltsliste	proportional Lohn/Gehalt	40 878	3 480	11 442	8 850	8 916	2 592	1 458	1 800	2 340
7	Fremdinstandhaltungskosten	Rechnungen	direkt	7 180	1 650	1 970	1 300	860	1 050	150	200	--
8	Steuern, Beitr., Gebühren, Vers.	Rechnungen	verschiedene Schlüssel	5 400	620	260	540	810	520	1 190	1 180	280
9	Mietkosten	Rechnungen	genutzte Fläche	9 480	3 205	1 925	1 405	600	600	750	405	590
10	Kalkul. Abschr. und Zinsen	Jahrestabellen	Restwerte, betr.notw. V.	12 586	968	2 533	1 210	2 835	2 260	1 578	615	587
11	Sonstige Kosten	Rechnungen	direkt	1 470	120	180	90	--	210	160	570	140
12	Summe Kosten je Kostenstelle	Zeilen 2 bis 11		128774	17 203	30 380	22 145	21 071	13 152	8 356	8 190	8 277
13	Umlage der allg. Kostenst.	Spalte 6, Zeile 12	genutzte Fläche	17 203		5 278	3 852	1 645	1 645	2 056	1 110	1 617
14	Summe Gemeink. nach Umlage	Zeile 12 Zeile 13		128774		35 658	25 997	22 716	14 797	10 412	9 300	9 894
15	Umlage Kosten F.hilfskostenst.	Spalte 10, Zeile 14	Beschäftigtenzahl	14 797		8 508	3 699	2 590				
16	Summe Gem.k. nach Umlage	Zeile 14, 15, Sp. 7+	8+9	99 168		44 166	29 696	25 306				
17	Fertigungslohnkosten	Lohnscheine	direkt	32 230		12 070	9 100	11 060				
18	Fertigungskosten	Zeile 16 Zeile 17		131398		56 236	38 796	36 366				
19	Materialeinzelkosten	Materialschein		87 260								
20	Materialgemeinkosten	Zeile 14, Spalte 11		10 412								
21	Materialkosten	Zeile 19, 20, Sp. 5		97 672								
22	Herstellkosten	Zeile 18, 21, Sp. 5		229070								
23	Verwaltungsgemeinkosten	Zeile 14, Spalte 12		9 300								
24	Vertriebsgemeinkosten	Zeile 14, Spalte 13		9 894								
25	Selbstkosten	Zeile 22, 23, 24, Spalte 5		248264								

Hat man die Kostenumlage nun beendet, so können die Gemeinkosten-Verrechnungssätze ermittelt werden und zwar in folgender Weise[9]:

1. Materialgemeinkostenzuschlagssatz (MGKZ):

$$MGKZ = \frac{\text{Materialgemeinkosten in € /Monat } * 100}{\text{Materialeinzelkosten in €/Monat}}$$

$$= \frac{10.412 \text{ € /Monat } * 100}{87.260 \text{ €/Monat}} = \underline{\underline{11{,}9\,\%}}$$

2. Fertigungsgemeinkostenzuschlag (FGKZ):

$$FGKZ = \frac{\text{Fertigungsgemeinkosten in € /Monat } * 100}{\text{Fertigungslohnkosten in €/Monat}}$$

$$FGKZ_A = \frac{44.166 \text{ € /Monat } * 100}{12.070 \text{ €/Monat}} = \underline{\underline{336\,\%}}$$

$$FGKZ_B = \frac{29.696 \text{ € /Monat } * 100}{9.100 \text{ €/Monat}} = \underline{\underline{326\,\%}}$$

$$FGKZ_C = \frac{25.306 \text{ € /Monat } * 100}{11.060 \text{ €/Monat}} = \underline{\underline{229\,\%}}$$

3. Verwaltungsgemeinkostenzuschlagssatz (VWGKZ):

$$VWGKZ = \frac{\text{Verwaltungsgemeinkosten in € /Monat } * 100}{\text{Herstellkosten in €/Monat}}$$

$$= \frac{9.300 \text{ € /Monat } * 100}{229.070 \text{ €/Monat}} = \underline{\underline{4{,}1\,\%}}$$

4. Vertriebsgemeinkostenzuschlagssatz (VTGKZ):

$$VTGKZ = \frac{\text{Vertriebsgemeinkosten in € /Monat } * 100}{\text{Herstellkosten in €/Monat}}$$

[9] Vgl. Olfert 2005, S. 194

$$= \frac{9.894\,€\,/\text{Monat} \; *100}{229.070\,€/\text{Monat}} = \underline{\underline{4{,}3\,\%}}$$

Diese Gemeinkostenzuschlagsätze werden in der Kostenträgerrechnung beim Verfahren der Zuschlagkalkulation verwendet, wobei folgende Interpretation zugrunde gelegt ist: Im Beispiel-BAB errechnet sich der Materialgemeinkostenzuschlag mit 11,9 %. Sind beispielsweise in einem Produkt Materialeinzelkosten von € 100,-- enthalten, dann muss dieser Kostenträger zusätzlich € 11,90 Materialgemeinkosten zur Abdeckung z.B. der Lagerhaltungskosten tragen[10].

Mit der Ermittlung der Selbstkosten und der Gemeinkosten-Verrechnungssätze ist die Kostenstellenrechnung abgeschlossen. Zusammenfassend ergeben sich folgende Stufen der Kostenstellenrechnung:

Abb. 74: Stufen der Kostenstellenrechnung

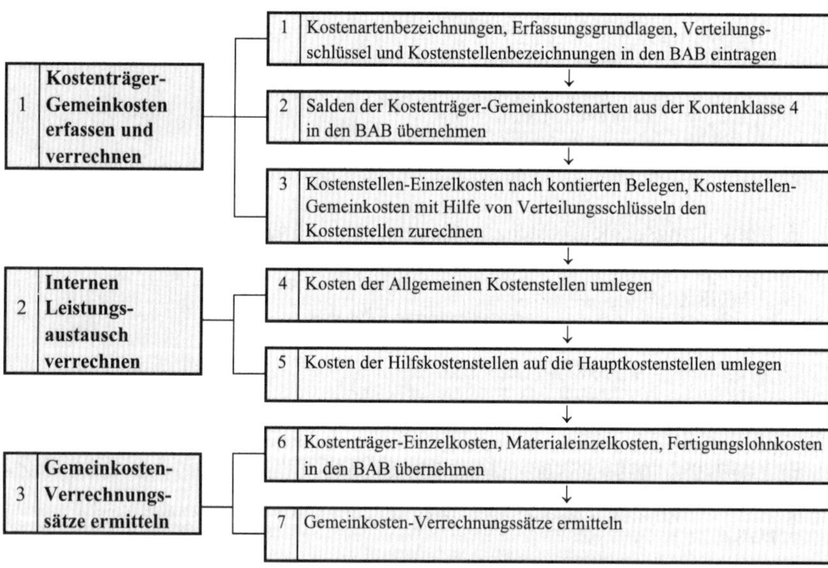

[10] Vgl. Wöhe/Döring 2005, S. 1109

6.4 Kostenträgerrechnung

Die Kostenträgerrechnung hat die Aufgabe, auf Kostenarten- und Kostenstellenrechnung aufbauend, die Kosten einzelner Leistungseinheiten (Kostenträgrer) zu erfassen. Sie gibt Antwort auf die Frage "WOFÜR" sind die Kosten angefallen.

6.4.1 Zwecke und Arten der Kostenträgerrechnung

Die Kostenträgerrechnung dient:

1. der Preisermittlung,
2. der Preisbeurteilung,
3. der kurzfristigen Erfolgsermittlung,
4. als Informationsquelle für die Bestandsbewertung.

Im Vordergrund stehen dabei die Aufgaben der Preisermittlung (Vorkalkulation) und der Preisbeurteilung (Nachkalkulation).

In Anlehnung an den Betriebsablauf kann die Kostenträgerrechnung auf einen Zeitabschnitt bezogen werden (**Kostenträgerzeitrechnung**) oder auf die Leistungseinheit (**Kostenträgerstückrechnung**). Die Kostenträgerzeitrechnung ermittelt die gesamten in einer Abrechnungsperiode angefallenen Kosten - nach Kostenträgern gegliedert - und führt zur kurzfristigen Erfolgsrechnung. Die Kostenträgerstückrechnung ermittelt die gesamten Kosten für eine einzelne Leistung.

Bei den weiteren Überlegungen zur Kostenträgerrechnung soll stets von der Kostenträgerstückrechnung oder **Kalkulation** ausgegangen werden, die der Preisermittlung dient.

Abb. 75: Zusammenhang zwischen Vor- und Nachkalkulation und Kostenträgerstück- und Kostenträgerzeitrechnung

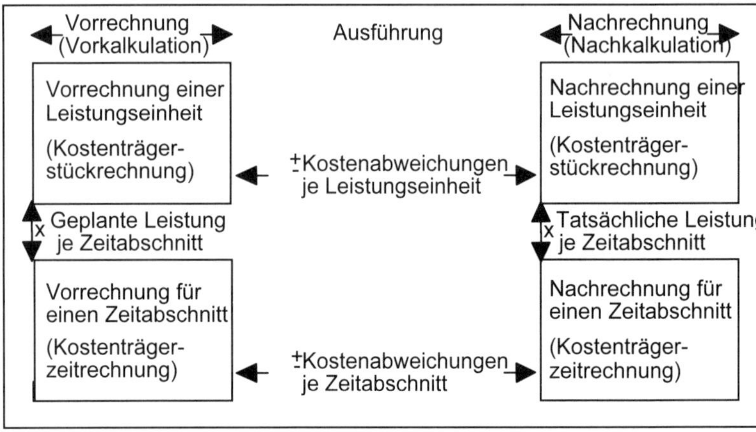

6.4.2 Kalkulationsverfahren

Unterscheidet man die Kostenträgerrechnungen nach der Art der Zurechnung der Kostenarten auf die Kostenträger, so spricht man von den Kalkulationsverfahren. Die beiden Hauptformen sind

1. die Zuschlagskalkulation und
2. die Divisionskalkulation.

6.4.2.1 Zuschlagskalkulation

Grundlage der Zuschlagskalkulation ist die Trennung in Einzel- und Gemeinkosten, wie sie bereits im Rahmen der Kostenstellenrechnung erörtert wurde. Die dort durchgeführten Verrechnungen liegen auch der Zuschlagskalkulation zugrunde. Im Rahmen der Kostenträgerrechnung erfolgt nun lediglich eine Verrechnung über Zuschlagsätze auf die einzelnen Leistungseinheiten. Man unterscheidet die summarische und die differenzierende Zuschlagskalkulation.

Die **"summarische"** Zuschlagskalkulation ist sowohl als **kumulative** als auch als **"elektive"** Zuschlagskalkulation durchführbar. Bei der summarischen Zuschlagskalkulation werden sämtliche Gemeinkosten mit einem einzigen Zuschlagssatz auf die Leistungseinheiten verteilt. Rechnerisch ermittelt sich der Zuschlagssatz folgendermaßen:

$$\text{Zuschlagssatz} = \frac{\text{gesamte Gemeinkosten der Periode}}{\text{gesamte Einzelkosten der Periode}}$$

Bei der **elektiven** Zuschlagskalkulation werden nicht die gesamten Einzelkosten als Grundlage der Gemeinkostenzuschläge verwendet, sondern einzelne Arten der Einzelkosten.

Beide Verfahren erweisen sich als sehr ungenau, da sie die gleiche Proportionalität zwischen Gemein- und Einzelkosten bei allen Leistungsträgern unterstellen, die kaum gegeben sein wird. Sie benötigen keine Kostenstellenrechnung als Vorbereitung.

Bei der **differenzierenden** Zuschlagkalkulation verwendet man nicht eine einzige Zuschlagbasis, sondern zur Verteilung der Gemeinkosten verwendet man Basen, die sich möglichst im ursächlichen Zusammenhang mit dem Entstehen der Gemeinkosten befinden. Bei dieser Zuschlagskalkulation ergibt sich folgendes Kalkulationsschema, wobei die Gemeinkosten über die Gemeinkostenzuschlagsätze der Kostenstellenrechnung ermittelt werden:

Fertigungslohn			
+ Sondereinzelkosten der Fertigung			
+ Fertigungsgemeinkosten	=		Fertigungskosten
Materialeinzelkosten			+
+ Materialgemeinkosten	=		Materialkosten
		=	**Herstellkosten**
		+	Verwaltungsgemeinkosten
		+	Sonderkosten des Vertriebs
		+	Vertriebsgemeinkosten
		=	**Selbstkosten**

In anderer Form zeigt die folgende Übersicht noch einmal schematisch die Zusammensetzung der Selbstkosten.

Abb. 76: Zusammensetzung der Selbstkosten nach der differenzierenden Zuschlagskalkulation

<table>
<tr><td>Fertigungslöhne</td><td>Fertigungsgemeinkosten</td><td>Sonderkosten der Fertigung</td><td>Fertigungsmaterial</td><td>Materialgemeinkosten</td><td></td><td></td><td></td></tr>
<tr><td colspan="3">Fertigungskosten</td><td colspan="2">Materialkosten</td><td></td><td></td><td></td></tr>
<tr><td colspan="5">Herstellkosten</td><td>Verwaltungsgemeinkosten</td><td>Vertriebsgemeinkosten</td><td>Sonderkosten des Vertriebs</td></tr>
<tr><td colspan="8">Selbstkosten</td></tr>
</table>

(vgl. Wöhe/Döring 2005, S. 1116)

Beispiel:
In dem Betrieb, für den im vorherigen Abschnitt ein Betriebsabrechnungsbogen gerechnet wurde, sei ein Auftrag zu kalkulieren. Nun müssen die auftragspezifischen Daten mit den Kalkulationssätzen des BAB zusammengefügt werden.

Materialeinzelkosten	300	Materialgemeinkostenzuschlag	11,9%
Fertigungseinzelkosten$_A$	200	Fertigungsgemeinkostenzuschlag$_A$	336%
Fertigungseinzelkosten$_B$	200	Fertigungsgemeinkostenzuschlag$_B$	326%
Fertigungseinzelkosten$_C$	100	Fertigungsgemeinkostenzuschlag$_C$	229%
Sonderkosten der Fertigung	20	Verwaltungsgemeinkostenzuschlag	4,1%
Sonderkosten des Vertriebs	250	Vertriebsgemeinkostenzuschlag	4,3%

FEK_A	200		
+ FGK_A	672		
+ FEK_B	200		
+ FGK_B	652		
+ FEK_C	100		
+ FGK_C	229		
+ SoKF	20	=	2.073
MEK	300	+	
+ MGK	35,7	=	335,7
	Herstellkosten	=	2.408,7
	Verwaltungsgemeinkosten	+	98,8
	Sonderkosten des Vertriebs	+	250
	Vertriebsgemeinkosten	+	103,6
	Selbstkosten	=	2.861,1

6.4.2.2 Divisionskalkulation

Die Divisionskalkulation ist in erster Linie für solche Betriebe geeignet, in denen einheitliche Leistungen erstellt werden, z.B. bei Gaswerken, Elektrizitätswerken, Zementwerken usw. Sie baut auf der Grundformel der Kalkulation auf, wie sie bei der Kostenstellenrechnung besprochen wurde. Um die Kosten pro Leistungseinheit zu erhalten, werden die Gesamtkosten eines Zeitraumes durch die Summe der erstellten Leistungseinheiten dieses Zeitraumes dividiert.

$$\text{Kosten pro Leistungseinheit} = \frac{\text{Kosten eines Zeitraumes}}{\text{erstellte Leistungseinheiten eines Zeitraumes}}$$

Diese einfache Divisionskalkulation ist nur anwendbar, wenn

- nur ein Kostenträger vorliegt und
- Lagerbestandsveränderungen nicht vorkommen oder ohne wesentliche Bedeutung sind.

Liegen mehrere Kostenträger vor, so muss eine mehrfache Divisionskalkulation durchgeführt werden. Die mehrfache Divisionskalkulation kann als

(1) Veredelungsdivisionskalkulation

(2) Stufendivisionskalkulation

(3) Äquivalenzzahlenrechnung

durchgeführt werden.

(1) Veredelungsdivisionskalkulation

Bei der Veredelungsdivisionskalkulation werden die Herstellkosten je Leistungseinheit und Fertigungsstufe durch mehrfache Anwendung des Divisionskalkulationsprinzips, d.h. als Summenwert über alle Fertigungsstufen, ermittelt.

Beispiel:

In den Kostenstellen A und B (mechanische Bearbeitung) werden Teile für ein Erzeugnis hergestellt, das in der Kostenstelle C montiert wird. Die Teile werden jedoch auch unmontiert verkauft. Somit sind folgende vier Fertigungsstufen (= Kostenstellen) zu unterscheiden:

1. Leistungen:

		Kostenstellen			
Bezeichnung	Einheit	A	B	C	Vertrieb
hergestellte Menge	Stück/Monat	200	500	150	300

2. Kosten:

Kostenarten	Einheiten	gesamt	Kostenstellen			
			A	B	C	Vertrieb
Lohnkosten	€/Monat	104 000	18 000	50 000	20 000	16 000
Gehaltskosten	€/Monat	26 000	4 000	2 000	4 000	16 000
Sozialkosten	€/Monat	7 000	1 200	3 200	800	1 800
Hilfs- und Betriebs-stoffkosten	€/Monat	56 000	10 000	31 600	12 000	2 400
kalkulatorische Ab-schreibungskosten und Instandhaltungskosten	€/Monat	20 000	5 200	9 800	3 800	1 200
Strom-, Gas-, Wasserkosten	€/Monat	4 000	1 000	1 200	800	1 000
Steuern, Versicherungen usw.	€/Monat	12 000	400	1 800	2 200	7 600
sonstige Kosten	€Monat	4 000	200	400	1 400	2 000
Fertigungskosten	€/Monat	233 000	40 000	100 000	45 000	48 000

Die Fertigungskosten ergeben sich aus der Division der Fertigungskosten/Monat und hergestellten Menge/Monat. Beim Vertrieb ergeben sich dabei z.B. 48.000 €/Monat : 300 St. = 160 €/Stück.

3. Fertigungskosten/Leistungsmengen-Einheit:

		Kostenstellen			
Bezeichnung	€	A	B	C	Vertrieb
Fertigungskosten	€/Stück	200	200	300	160

4. Selbstkosten/Leistungsmengen-Einheit:

Betragen die Materialkosten 250 €/Stück, so ergeben sich die Selbstkosten wie folgt:

Kostenarten	Kosten in €/Stück
Materialkosten	250
Fertigungskosten Kostenstelle A	200
Fertigungskosten Kostenstelle B	200
Fertigungskosten Kostenstelle C	300
Vertriebskosten	160
Selbstkosten	1.110

(2) Stufendivisionskalkulation

Bei der Stufendivisionskalkulation werden die Fertigungsstufen kumulativ abgerechnet, wobei die Herstellkosten der ersten Stufe (Kostenstelle A) als "Einstandskosten" der zweiten Stufe (Kostenstelle B) und die Herstellkosten der zweiten Stufe als "Einstandskosten" der dritten Stufe (Kostenstelle B) angesetzt werden.

Beispiel:
Ein Erzeugnis wird im Verlauf des Fertigungsprozesses in mehreren Werkstätten bearbeitet. Jede Werkstatt wird für sich abgerechnet (Profit-Center), übernimmt aber die Kosten/Leistungsmengeneinheit der vorhergehenden Werkstatt als "Einstandskosten".

(3) Divisionskalkulation mit Äquivalenzzahlen

Für Fertigungen, die zwar den gleichen Ablauf, jedoch verschiedene bzw. ähnliche Fertigungsstoffe oder bei gleichen Fertigungsstoffen einen ähnlichen Ablauf haben, lässt sich ebenfalls die Divisionskalkulation anwenden, wenn mit Hilfe von Äquivalenzzahlen kostengleiche Recheneinheiten gebildet werden können (Äquivalenzzahlenrechnung)[11].

Solche Fertigungsabläufe sind:

- Das gleiche Fertigungsmaterial wird mit unterschiedlichem Arbeitsaufwand zu mehr oder weniger vielgestaltigen Formen verarbeitet, z.B. flüssiges Metall in Gießereien, Holz zu verschiedenen Produkten (Bretter, Latten usw.), Getränke in verschieden große Flaschen abgefüllt;
- unterschiedliches Fertigungsmaterial mit gleichem Arbeitsaufwand wird zu verschieverschiedenen Kunststoffen gespritzt;
- unterschiedliches Fertigungsmaterial wird durch unterschiedlichen Arbeitsaufwand zu verschiedenen Produkten verarbeitet, z.B. Kunststoffpreßteile aus unterschiedlichem Fertigungsmaterial und mit verschiedenen Härtezeiten für das gleiche Teil, Bier verschiedener Sorten in unterschiedlichen Flaschengrößen.

---

[11] Vgl. Wöhe/Döring 2005, S. 1118f; Olfert, 2005, S. 182 ff

Die Äquivalenzzahlen (Gewichtungsfaktoren) werden für jede Sorte, Variante, Größe, Art usw. durch Verwendung sinnvoller Einflußgrößen ermittelt, wie z.B. dem Volumen, dem Gewicht, der Länge oder der Bearbeitungszeit. Setzt man die Ausprägungen (z.B. 4 m) der verwendeten Einflußgröße (z.B. Länge in m) zueinander ins Verhältnis, erhält man eine Verhältniszahlenfolge, die man Äquivalenzzahlen nennt. Durch das Verwenden von Äquivalenzzahlen berücksichtigt man die unterschiedliche Materialeinsatz- oder Fertigungszeitintensität verschiedener Erzeugnisvarianten.

Beispiel zur Äquivalenzzahlen-Ermittlung:
Es werden vier verschieden große Kunststoffschüsseln auf einer Fertigungsanlage hergestellt, wobei diesen verschiedene Vorgabezeiten zugeordnet sind. Für den Typ A (kleinste Größe) wurde die Äquivalenzzahl 1 ermittelt. Man hätte aber auch für den Typ D (oder für jeden anderen Typ) die Äquivalenzzahl 1 ansetzen können. Entscheidend ist hierbei nur, dass eine Gewichtung nach den verschiedenen Vorgabezeiten vorgenommen wird.

Typ	Vorgabezeit t_e in min	Äquivalenzzahl	alternative Äquivalenzzahlen
A	0,70	1,00	0,22
B	1,20	1,71	0,38
C	1,80	2,57	0,56
D	3,20	4,57	1,00

Beispielrechnung für die Divisionskalkulation mit Äquivalenzziffern:
Es liegen folgende Ausgangswerte vor:

Sorte	Leistungsmenge in Stück/Monat	Äquivalenzzahl	
A	18 000 000	1,0	**Gesamtkosten 99 000 €/Monat**
B	8 000 000	1,5	
C	12 000 000	3,0	

Mit den in dem Beispiel gegebenen Äquivalenzziffern ergibt sich folgende Divisionskalkulation:

Sorte	Leistungsmenge in Stück / Monat	Äquivalenzzahl	Recheneinheiten (RE)	Kosten €/ RE	Kosten je Sorte in € / Stück	Kosten je Sorte in € / Monat
Spalte	(1)	(2)	(3) = (1) * (2))	(4)	(5) = (2) * (4)	(6) = (1) * (5)
A	18 000 000	1	18 000 000	99 000 .	0,0015	27 000
B	8 000 000	1,5	12 000 000	66 000 000	0,00225	18 000
C	12 000 000	3	36 000 000	= 0,0015	0,0045	54 000
Summe			66 000 000			99 000

Welches Kalkulationsverfahren sich in einem konkreten Fall als zweckmäßig erweist, ist einerseits abhängig von der verfolgten Zwecksetzung und andererseits von der Art und Form des Produktionsprozesses. Entscheidend kann aber auch die organisatorische Gestaltung der Kostenrechnung sein.

6.5 Kostenrechnungssysteme

Als Folge der unterschiedlichen Zwecksetzung der Kostenrechnung haben sich verschiedene Kostenrechnungssysteme ergeben. Dabei unterscheiden sich die Kostenrechnungssysteme in erster Linie nach den Kriterien Zeitbezug und Verrechnungsbezug.

Die Unterscheidung nach dem **Zeitbezug** führt zu:

1. Systemen der Istkostenrechnung
   (Verwendung vergangenheitsbezogener Kosten) und
2. Systemen der Sollkostenrechnung
   (Verwendung zukunftsbezogener Kosten).

Die Unterscheidung nach dem **Verrechnungsbezug** führt zu:

1. Systemen der Vollkostenrechnung und
2. Systemen der Teilkostenrechnung.

Abb. 77: Unterscheidungskriterien der Kostenrechnungssysteme

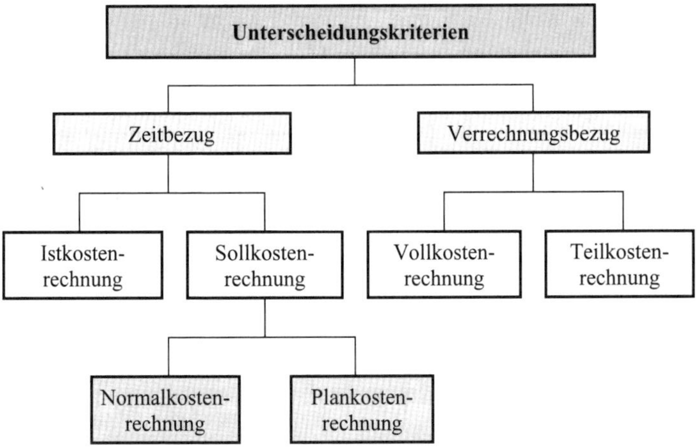

Die beiden Kriterien des Zeitbezuges und Verrechnungsbezuges schließen sich jedoch nicht gegenseitig aus; vielmehr entstehen die konkreten Kostenrechnungssysteme der Praxis aus der Kombination von Zeit- und Verrechnungsbezug. Grundsätzlich könnten ohnehin alle unter dem Zeitbezug erfassten Kostenrechnungssysteme (Ist-, Normal- und Plankostenrechnungen) sowohl als Vollkostenrechnung wie auch als Teilkostenrechnung durchgeführt werden.

Abb. 78: Kombination der Kostenrechnungssysteme

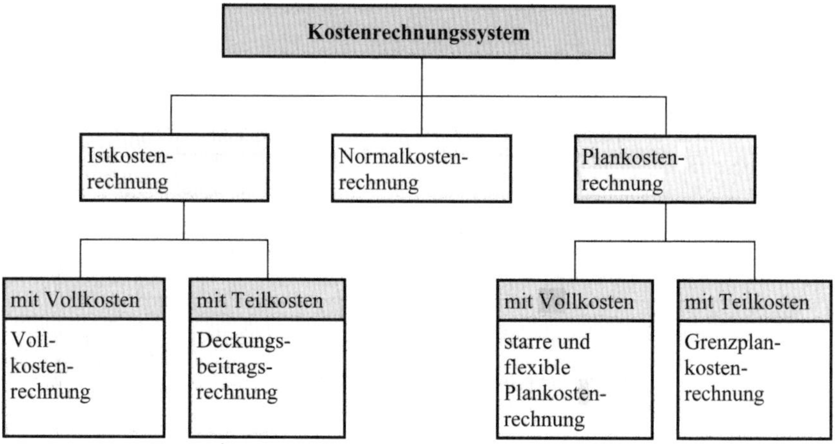

6.5.1 Kostenrechnungssysteme nach dem Verrechnungsbezug

6.5.1.1 Vollkostenrechnung

Bisher wurde stets unterstellt, dass sowohl die Kostenstellenrechnung als auch die Kostenträgerrechnung auf der Grundlage aller Kosten (Vollkosten) erstellt werden.

Dabei hat sich gezeigt, dass bei der Vollkostenrechnung insbesondere Probleme der Kostenschlüsselung auftreten, für die es eine eindeutige und völlig willkürfreie Lösung nicht gibt.

Ein weiterer Einwand gegen die Vollkostenrechnung ist die geringe Aussagefähigkeit hinsichtlich der Erfolgsanalyse und Sortimentsgestaltung. Wenn man fragt, ob der Verkauf einer Ware oder einer Dienstleistung einzustellen ist, so ist zu prüfen, welcher Beitrag (Gewinn oder Verlust) dadurch entsteht. Es zeigt sich hierbei, dass nicht die entsprechenden Gesamtkosten dieser Leistungseinheit eingespart werden kann, sondern lediglich der Anteil der variablen Kosten, während die fixen Kosten des Betriebes in der Regel in gleichem Umfange anfallen.

Die genannten Schwächen der Vollkostenrechnung haben zur Entwicklung von Teilkostenrechnungen geführt. Es muss jedoch festgestellt werden, dass bei verschiedenen Zwecksetzungen (z.B. Kalkulation des Preises, sofern kein Marktpreis vorliegt) eine Vollkostenrechnung unumgänglich ist.

6.5.1.2 Teilkostenrechnungen

Die Teilkostenrechnungen verrechnen lediglich Teile der gesamten Kosten auf die einzelne Leistungseinheit, und zwar soweit sie durch die Leistungseinheit verursacht wurden. Als von den einzelnen Leistungseinheiten verursacht können jedoch nur die Kostenteile gelten, die bei Erhöhung des Output um eine Leistungseinheit den Gesamtkosten zuwachsen oder umgekehrt bei Verminderung um eine Leistungseinheit die Gesamtkosten der Periode ermäßigen.

Diese Kosten bezeichnet man aus der Sicht der Produktkalkulation als Grenzkosten. Bei linearem Kostenverlauf sind die Grenzkosten deckungsgleich mit den variablen Kosten.

Während die Vollkostenrechnung der Preisfindung dient, besteht die Aufgabe der Teilkostenrechnung in der Preisbeurteilung. Aus der Betrachtung scheiden somit bei der Teilkostenrechnung die Kosten aus, die unabhängig von Art und Stückzahlen des Produktionsprogramms "sowieso" vorhanden sind, d.h. die Fixkosten. Es darf aber kein Zweifel darüber bestehen, dass auch die Fixkosten durch die Betriebsleistung letztlich abgedeckt werden müssen. Daher ist es notwendig, den Grad der Fixkostendeckung von der Gesamtzahl der abgesetzten Leistungen her zu kontrollieren.

Die bisherigen Überlegungen gelten jedoch nur dann, wenn sich das Unternehmen im Zustand der Unterbeschäftigung befindet, d.h., dass keine kapazitativen Begrenzungen bei einer Erhöhung der Produktion zu erwarten sind. Ist dies nicht der Fall und müßten zusätzliche Kapazitäten geschaffen werden, es wird sich in der Regel auch eine Erhöhung des Fixkostenblockes ergeben. Die zusätzliche Leistungseinheit wäre dann nicht nur mit den variablen Kosten, sondern auch mit der Fixkostenerhöhung zu belasten.

Aus den angeführten Grundgedanken der Teilkostenrechnung heraus, haben sich nun verschiedene Teilkostenrechnungssysteme entwickelt.

Abb. 79: Teilkostenrechnungssysteme

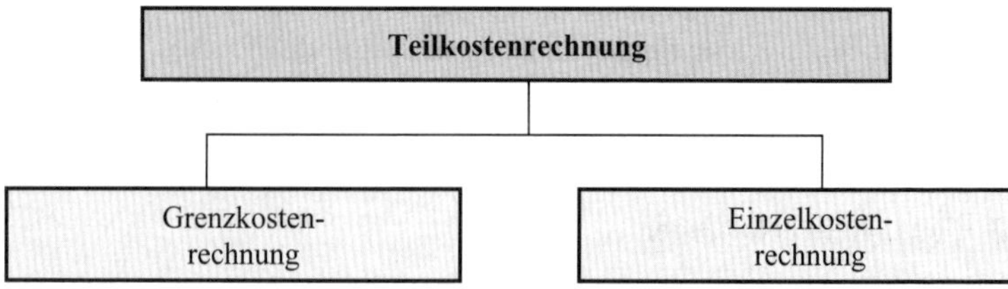

6.5.1.2.1 Grenzkostenrechnung

Grenzkosten sind jene Kosten, die bei der Erstellung einer zusätzlichen Leistungsmengen-Einheit zusätzlich anfallen oder bei Verzicht auf die Erstellung einer Leistungsmengen-Einheit entfallen.

Problematisch wird die Ermittlung der variablen Kosten bei einer Teilkostenkalkulation auf der Grundlage von Grenzkosten. Die Grenzkostenrechnung trennt zunächst Kostenträgereinzelkosten und Kostenträgergemeinkosten. Kostenträgereinzelkosten werden grundsätzlich als variabel angesehen. Bei den Gemeinkosten dagegen führt die Trennung in fixe und variable Kosten zu Schwierigkeiten, denn Gemeinkosten kann man keineswegs pauschal als fix betrachten. Es bedarf deshalb einer Kostenauflösung der Gemeinkosten in ihre fixen und variablen Bestandteile.

Bei der Kostenauflösung kann man von folgenden Richtlinien ausgehen:

1. Kostenstellengemeinkosten führen in aller Regel zu fixen Kosten in bezug auf den Kostenträger.

2. Kostenstelleneinzelkosten, soweit sie Kostenträgergemeinkosten sind, erfrodern eine Einzelbeurteilung hinsichtlich der fixen bzw. variablen Größen.

Nach dieser Kostenauflösung können die variablen Selbstkosten ermittelt werden. Bei einer elektiven Zuschlagskalkulation ergibt sich folgendes Berechnungsschema:

A.	variable Materialkosten	
	1. Materialeinzelkosten	....
	2. variable Materialgemeinkosten (in % der MEK)	....
B.	variable Fertigungskosten	
	1. Fertigungseinzelkosten (Fertigungslöhne)	....
	2. variable Fertigungsgemeinkosten (in % der FEK)	....
	3. Sondereinzelkosten der Fertigung	....
C.	variable Herstellkosten	....
D.	variable Verwaltungs- und Vertriebsgemeinkosten (in % der variablen HK)	....
E.	Sondereinzelkosten des Vertriebs	....
F.	variable Selbstkosten	....

Die Ermittlung der Grenzkosten erfolgt nach der Formel

$$\text{Grenzkosten} = \frac{\text{Kosten 2 - Kosten 1}}{\text{Menge 2 - Menge 1}}$$

Beispiel:

Die bisherige Produktionsmenge 100 (= Menge 1) verursachte Kosten (= Kosten 1) von € 550,--. Bei einer Produktion von 110 (= Menge 2) ergeben sich Kosten von € 600,-- (= Kosten 2).

$$\text{Grenzkosten} = \frac{\text{Kosten 2 - Kosten 1}}{\text{Menge 2 - Menge 1}} = \frac{600-550}{110-100} = \underline{\underline{5€/\mathit{Stück}}}$$

Die entsprechenden Fixkosten errechnen sich aus:

Fixkosten = Gesamtkosten - (Menge x Grenzkosten)

= 550 - (100 x 5) = 50

= 600 - (110 x 5) = 50

Eine wesentliche Grundlage für die Kostendeckungsrechnung ist die Kenntnis des Bruttoerlöses für die einzelne Leistungseinheit. Die Differenz zwischen dem Bruttoerlös und den ermittelten Grenzkosten ergibt den sogenannten **Deckungsbeitrag**.

Die Deckungsbeitragsrechnung erweitert die Grenzkostenrechnung um die Erkenntnis, wieviel ein Produkt zur Abdeckung der für den Gesamtbetrieb ermittelten Fixkosten beiträgt. Der Deckungsbeitrag ist folglich ein "Fixkostendeckungs- und Gewinnbeitrag".

Abb. 80: Deckungsbeitragermittlung

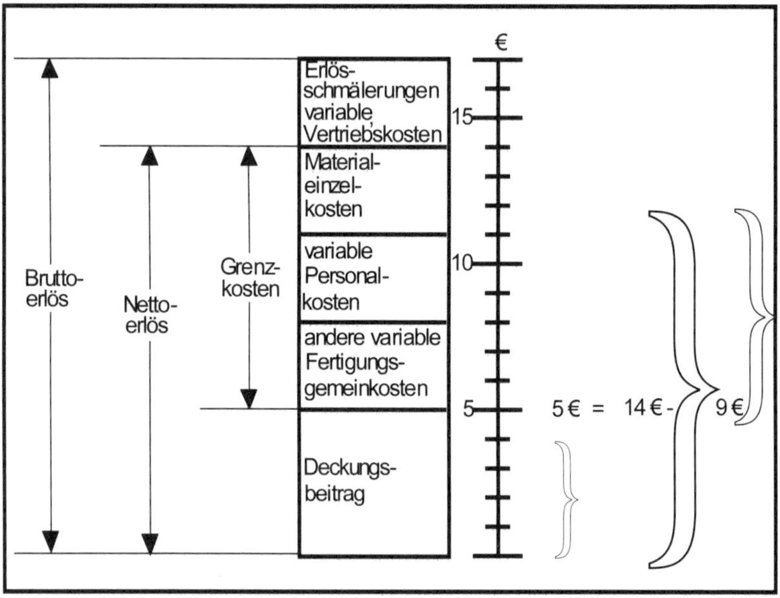

Der so ermittelte Deckungsbeitrag kann beinhalten:

Abb. 81: Struktur des Deckungsbeitrages

$DB > K_f$	$DB = K_f$	$0 < DB < K_f$	$DB < 0$

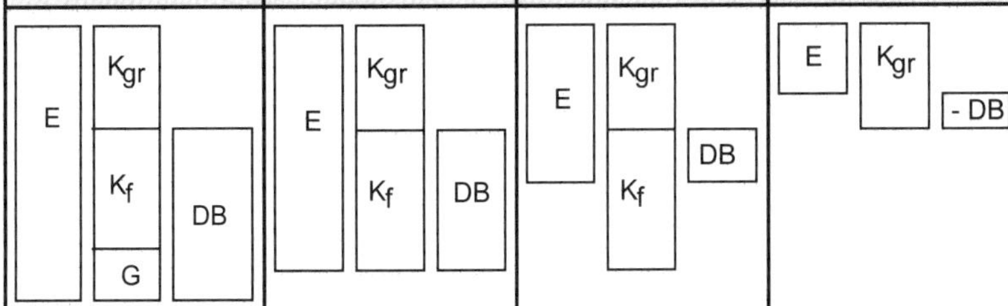

Der Deckungsbeitrag deckt die fixen Kosten ab und trägt zur Gewinnerzielung bei.	Der Deckungsbeitrag deckt genau die fixen Kosten ab.	Der Deckungsbeitrag deckt einen Teil der fixen Kosten ab.	Der Erlös ist niedriger als die Grenzkosten, so dass ein negativer Deckungsbeitrag entsteht.
positive Deckungsbeiträge			negativer Deckungs-beitrag

Neben der bisher besprochenen summarischen Verrechnung des Fixkostenblockes kann die Fixkostendeckung stufenweise betrachtet werden. So versucht man z.B., die fixen Kosten bestimmten Kostenträgergruppen oder Kostenstellen zuzurechnen.

Dabei kann folgende Gliederung der Fixkosten vorgenommen werden:

1. Auftrags- oder Erzeugnisfixkosten 2. Auftrags- oder Erzeugnisgruppenfixkosten	= Kostenträgerbezug
3. Kostenstellenfixkosten 4. Bereichsfixkosten 5. Unternehmensfixkosten	= Periodenbezug

Eine nach diesem Gliederungskonzept der fixen Kosten durchgeführte Preisbeurteilungskalkulation könnte folgenden Aufbau haben:

Abb. 82: Beispiel einer Preisbeurteilungskalkulation

Rechengrößen			€/Stück	%	von
1.		Netto-Erlös	50,--		
2.	-	Grenzkosten	20,--		
3.	=	Deckungsbeitrag I	30,--	60	N-E
4.	-	Auftragsfixkosten	2,50	8,3	DBI
5.	=	Deckungsbeitrag II	27,50		
6.	-	Auftragsgruppenfixkosten	4,--	14,5	DBII
7.	=	Deckungsbeitrag III	23,50		
8.	-	Kostenstellenfixkosten	8,50	36,1	
9.	=	Deckungsbeitrag IV	15,--		
10.	-	Bereichsfixkosten	5,--	33,3	DBIV
11.	=	Deckungsbeitrag V	10,--		
12.	-	Unternehmensfixkosten	7,--	70	DBV
13.	=	Rest-Deckungsbeitrag (Netto-Ergebnis)	3,--		

6.5.1.2.2 Einzelkostenrechnung

Die Grenzkostenrechnung erfordert zur Bestimmung der variablen Kosten eine Kostenaufspaltung bei den Gemeinkosten. Um diese Schwierigkeiten der Kostenauflösung zu vermeiden, rechnet die Einzelkostenrechnung mit Einzel- und Gemeinkosten.

Die Ausgestaltung der Einzelkostenrechnung entspricht der Vorgehensweise bei der Grenzkostenrechnung. Auch hier lassen sich summarisch oder stufenweise Deckungsbeiträge ermitteln.

Die Frage Grenzkosten- oder Einzelkostenrechnung ist wie auch die Frage Vollkosten- oder Teilkostenrechnung nur unter Berücksichtigung der Zwecksetzung und der speziellen betrieblichen Gegebenheiten zu beantworten.

Abb. 83: Zusammenfassung der Kostenrechnungssysteme unter dem Verrechnungsbezug

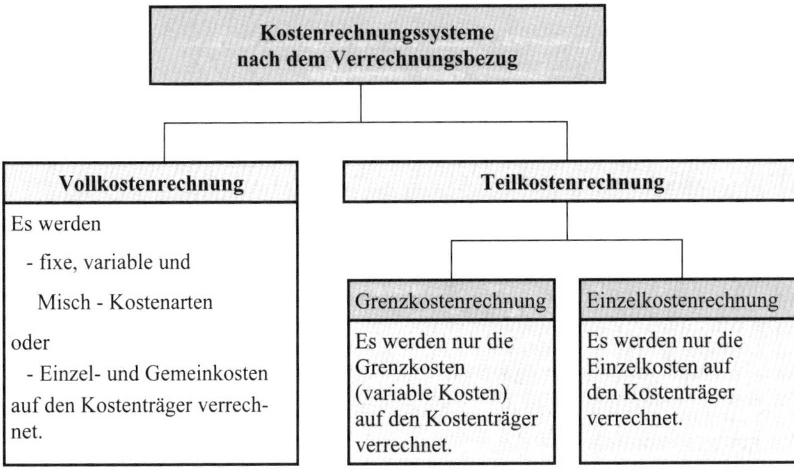

6.5.2 Kostenrechnungssysteme nach dem Zeitbezug

6.5.2.1 Istkosten-Rechnung

Unseren bisherigen Überlegungen lag stets die Istkostenrechnung zugrunde. Die Istkostenrechnung dient im wesentlichen zwei Zwecken

- der kurzfristigen leistungsbezogenen Kostenkontrolle (Nachkalkulation) und
- der kurzfristigen Ermittlung des Betriebserfolges.

Die Istkostenrechnung ist somit eine Nachschau- oder vergangenheitsorientierte Rechnung und hat reinen Ermittlungscharakter. Eine Kontrollfunktion könnte lediglich im Rahmen eines Periodenvergleiches (Ist-Ist-Vergleich) möglich sein, was aber noch keine Aussagen über die Wirtschaftlichkeit einer Kostenstelle beinhaltet. Für eine echte Kontrolle fehlt die notwendige Vergleichsgröße, d.h. eine entsprechende Kostenplanung. Diesen Nachteil versuchen die **Sollkosten**-Rechnungen zu beheben

6.5.2.2 Sollkostenrechnung

Bei den Systemen der Sollkostenrechnung unterscheidet man nach der Art der Sollkostenermittlung zwischen

1. der Normalkostenrechnung und
2. der Plankostenrechnung.

(1) Normalkostenrechnung

Die Normalkostenrechnung ist eine bereinigte Istkostenrechnung. Die Normalkosten werden als Mittelwert der Istkosten der Vergangenheit gebildet. Gegenüber der Istkostenrechnung wird dadurch das Zufällige, Einmalige und Extreme ausgeglichen.

Die Normalkostenrechnung ist die erste Stufe einer Sollkostenrechnung, d.h. einer Kostenplanung. Aus den Vergangenheitswerten werden als Sollgrößen Richtwerte ermittelt, mit denen später die eingetretenen Istwerte verglichen werden können, so dass eine wirkliche Kostenkontrolle ermöglicht wird.

Die Normalkostenrechnung ist sicherlich dort angebracht, wo hinsichtlich des Leistungsprogrammes und des Leistungsvollzuges keine nennenswerten Veränderungen zu erwarten sind.

(2) Plankostenrechnung

Die Plankostenrechnung ist eine Weiterentwicklung der Normalkostenrechnung, bei der die **Soll-Kosten** aufgrund planerischer Überlegungen ermittelt werden. Plankosten sind somit Budgetgrößen, d.h. Orientierungsdaten für eine zukünftige Periode.

Abb. 84: Ist-, Normal- und Plankosten

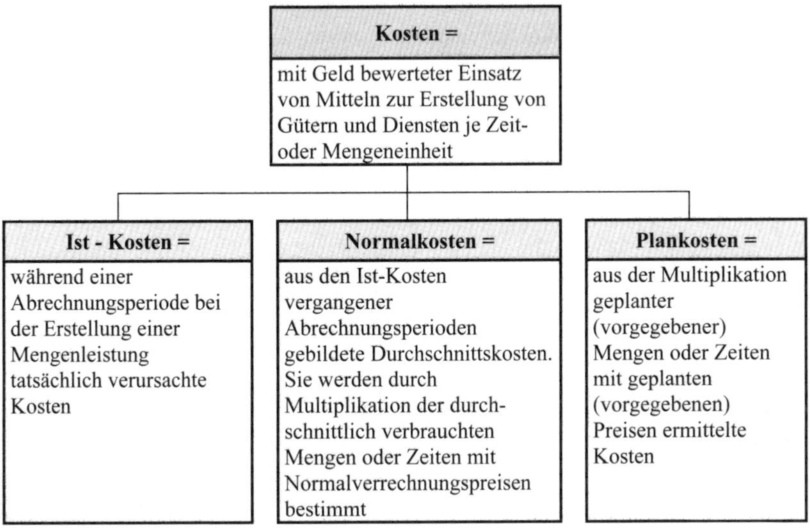

Von besonderer Bedeutung für die Kostenplanung sind die Kosteneinflußfaktoren. Zu den wichtigsten Kosteneinflußfaktoren zählen unter anderem der Beschäftigungsgrad, der Faktorpreis (Materialpreis, Stundenlohn usw.), die Faktorqualität (Materialqualität, Fähigkeiten der Mitarbeiter usw.) etc. (vgl. Kap. 6.2.4).

Unter dem Aspekt der Berücksichtigung dieser Einflußgrößen unterscheidet man zwischen

1. der starren Plankostenrechnung und
2. der flexiblen Plankostenrechnung.

Bei der starren Plankostenrechnung verzichtet man auf die Berücksichtigung von Kosteneinflußgrößen.

Die Plankosten je Kostenstelle werden ohne Trennung in ihre fixen und variablen Anteile für einen im Jahresdurchschnitt angenommenen konstanten Soll-Beschäftigungsgrad vorgegeben. Treten jedoch Abweichungen im

Beschäftigungsgrad ein, so können die Abweichungsursachen nicht ermittelt werden.

Bei den flexiblen Plankostenrechnungen unterscheidet man unterschiedliche Flexibilitätsgrade entsprechend der Berücksichtigung der Kosteneinflußgrößen.

Abb. 85: Flexibilität der Plankostenrechnung

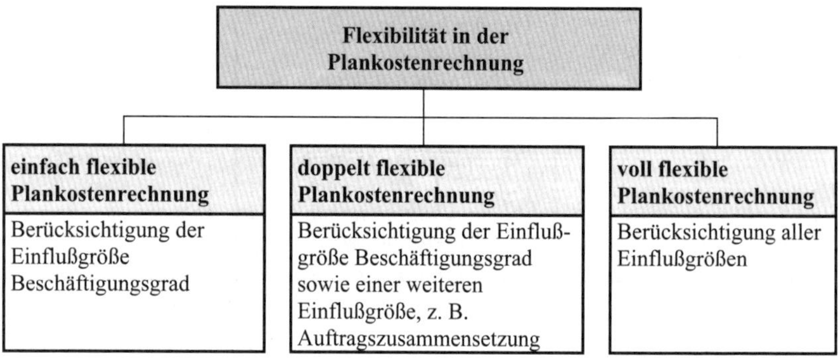

Die flexible Plankostenrechnung kann als Vollkosten- oder als Teilkostenrechnung durchgeführt werden. Werden nur die Grenzkosten berücksichtigt, so spricht man von der Grenzplankostenrechnung. Dabei wird ein proportionales Verhalten der variablen Plankosten bei Beschäftigungsgradänderungen unterstellt. Die fixen Plankosten werden gesondert verrechnet, da hier keine Beschäftigungsabweichungen entstehen können. Abweichungen zwischen Plan- und Istkosten sind hier stets auf Verbrauchsabweichungen (= Wirkung aller Kosteneinflußgrößen außer dem Beschäftigungsgrad) zurückzuführen.

Abb. 86: Plankostenrechnungssysteme

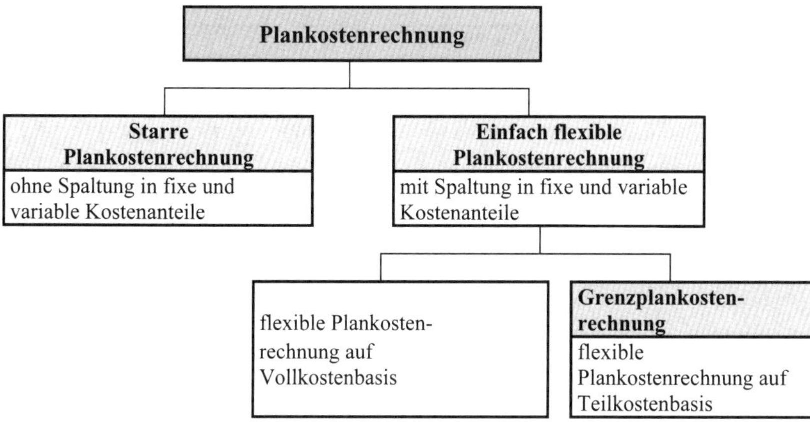

Bei den flexiblen Plankostenrechnungen ist stets eine Kostenaufspaltung in variable und fixe Kosten erforderlich.

6.6 Wiederholungsfragen

	Lösungshinweise siehe Seite
58. Nennen und beschreiben Sie die vier Teilbereiche der Kostenrechnung.	113
59. Welche dieser Teilbereiche der Kostenrechnung werden zur Betriebsabrechung gezählt?	113
60. Welche Aufgaben haben die Kostenarten-, die Kostenstellen- und die Kostenträgerrechnung zu erfüllen?	114
61. Welches sind die rückwärtsschauenden und die vorwärtsschauenden Zwecke der Kostenrechnung?	115
62. Welche Kostenartengruppen lassen sich bei einer verbrauchsbedingten Gliederung der Kostenarten unterscheiden?	116
63. Gliedern Sie die Sachkosten nach der Kontenklasse 4 des Gemeinschaftskontenrahmens der Industrie (GKRI).	117
64. Bei der verrechnungsorientierten Kostengliederung unterscheidet man zwischen ....und	119/ 120
65. Wie lautet die Formel zur Berechnung des Reagibilitätsgrades der einzelnen Kostenarten?	120
66. Was versteht man unter Fixkosten?	120
67. Erläutern Sie die Begriffe ‚Fixkostendegression' und ‚sprungfixe Kosten'?	120
68. Erläutern Sie drei Arten von variablen Kosten nach der Art ihrer Veränderung in Abhängigkeit vom Beschäftigungsgrad.	122/ 123
69. Was sind Mischkosten?	124
70. Was versteht man unter Grenzkosten?	124
71. Grenzen Sie Leerkosten und Nutzkosten voneinander ab.	122
72. Was ist eine Kostenstelle und wodurch ist sie gekennzeichnet?	126
73. Welche Aufgaben hat die Kostenstellenrechnung?	127

74.	Nennen und erläutern Sie vier Kriterien für die Bildung von Kostenstellen.	128
75.	Wodurch unterscheiden sich allgemeine Kostenstellen, Hilfskostenstellen und Hauptkostenstellen?	129
76.	Geben Sie ein Beispiel für eine industrielle Gliederung der Allgemeinen Kostenstelle und der Fertigungshauptkostenstellen.	130
77.	Geben Sie je ein Beispiel für einen einfachen und einen kombinierten Schlüssel für die Kostenumlage.	132
78.	Was ist unter der Ermittlung primärer Stellenkosten zu verstehen?	132
79.	Skizzieren Sie den Aufbau der Kopfzeile eines Betriebsabrechnungsbogens.	134
80.	Erläutern Sie die Aufgaben, welche der Betriebsabrechungsbogen in der Kostenstellenrechnung inne hat.	132-135
81.	Was versteht man unter der Ermittlung der sekundären Stellenkosten?	136/137
82.	Stellen sie das Grundprinzip des BAB-Verfahrens dar.	137
83.	Nach welchem Schema werden die Selbstkosten berechnet?	139
84.	Nach welchen Formeln werden die Gemeinkostenverrechnungssätze berechnet und zwar:	
	- Materialgemeinkostenzuschlagssatz (MGKZ)	141
	- Fertigungsgemeinkostenzuschlagssatz (FGKZ)	141
	- Verwaltungsgemeinkostenzuschlagssatz (VWGKZ)	141
	- Vertriebsgemeinkostenzuschlagssatz (VTGKZ)	141
85.	Stellen Sie die einzelnen Stufen der Kostenstellenrechung in einem Ablaufschema dar.	142
86.	Welchen Zwecken dient die Kostenträgerrechnung?	143
87.	Welche Kalkulationsverfahren lassen sich unterscheiden?	144
88.	Was versteht man unter einer einfachen bzw. einer mehrfachen Divisionskalkulation und wann sind diese jeweils möglich bzw. erforderlich?	148

89. Wann ist eine Divisionskalkulation mit Äquivalenzzahlen angezeigt?	141
90. Nach welchen Kriterien können Kostenrechnungssysteme unterschieden werden und welche Systematisierung wird dabei jeweils vorgenommen?	153
91. Was ist eine Teilkostenrechnung?	155
92. Erläutern Sie den Unterschied zwischen der Vollkosten- und der Teilkostenrechnung.	154/ 155
93. Erläutern Sie die Grundzüge der Deckungsbeitragsrechnung.	158
94. Nach welchem Schema werden die variablen Selbstkosten im Rahmen der Grenzkostenrechnung ermittelt?	157
95. Worin unterscheiden sich die Grenzkosten- und die Einzelkostenrechnung?	160
96. Kennzeichnen Sie die Istkostenrechnung und erläutern Sie deren wesentliche Zwecke und Probleme.	161
97. Welche Arten der Sollkostenrechnung können unterschieden werden?	162
98. Nennen und erläutern Sie die verschiedenen Flexibilitätsgrade bei der Plankostenrechnung.	164

7 Übungsaufgaben und Aufgabenlösungen

7.1 Übungsaufgaben

Aufgabe 1:

Bei der **Allgemeinen Kreditbank (AKB)** wird ein kurzfristiger Liquiditätskredit über 70.000,-- € aufgenommen. Hiervon werden 50.000,-- € auf das Girokonto bei der Hausbank überwiesen und die restlichen 20.000,-- € bar ausgezahlt.

Verbuchen Sie den Geschäftsvorfall.

Aufgabe 2:

Eine Anlage wird für 100.000,-- € angeschafft. Ihre planmäßige Nutzungsdauer beträgt 20 Jahre.

(1) Wie hoch ist der Restbuchwert bei linearer Abschreibung mit 5 % p. a. nach fünf Jahren?

(2) Wie hoch ist er bei geometrisch-degressiver Abschreibung nach fünf Jahren bei einem Abschreibungssatz von 10 % p.a.?

(3) Wie hoch ist der jährliche Abschreibungsbetrag, wenn im Ausschluss an die 5-jährige degressive Abschreibung für weitere 15 Jahre linear auf null abgeschrieben wird?

(4) Stellen Sie die Wertentwicklung (verbleibender Restwert in Abhängigkeit von der Zeit) der Anlage im Zeitablauf nach beiden Abschreibungsmethoden grafisch dar.

Aufgabe 3:

Ein Wirtschaftsgut wird erworben:

- Preis € 2.400,--
- 3 Jahre Laufzeit
- **lineare** Abschreibung.

(1) Wie hoch sind die jährlichen Abschreibungsbeträge?

(2) Welche jährlichen Abschreibungsbeträge müssten kalkuliert werden, wenn das Wirtschaftsgut am Ende seiner Laufzeit einen Restwert (z.B. Schrottwert des Materials) von € 600,-- hätte.

(3) Wie hoch sind die jährlichen Abschreibungsbeträge, wenn des weiteren auf den Kaufpreis ein Rabatt von 10% gewährt wird?

Aufgabe 4:

(1) Es wird ein Wirtschaftsgut für € 30.000,-- angeschafft. Es soll **geometrisch degressiv** abgeschrieben werden:

- Abschreibungssatz 20%,
- Laufzeit 5 Jahre,
- danach Abschreibung in festen Jahresbeträgen über weitere 10 Jahre (ohne Restwert)

(2) Wann ist ein Abschreibungswechsel ökonomisch sinnvoll?

Aufgabe 5:

Eine Anlage, die für 80.000,-- € angeschafft wurde, kann wahlweise mit 10% p.a. linear oder der mit 20% p.a. geometrisch-degressiv abgeschrieben werden.

a) Nach wie vielen Jahren der Nutzung ist der Restbuchwert nach der linearen Abschreibung erstmals niedriger als nach der geometrisch-degressiven Abschreibungsvariante?

b) Wie schlägt sich ein Verkauf der Anlage nach x Jahren zum Buchwert in der Bilanz nieder?

c) Was passiert in der Bilanz, wenn der Verkaufserlös um 1.000,-- € über dem Buchwert liegt?

Aufgabe 6:

Ein Dienstwagen soll nach seiner Fahrleistung (in km pro Jahr) abgeschrieben werden.

- Kaufpreis eines € 60.000,--
- Gesamtleistung des Fahrzeuges 150.000 km

- Fahrleistung 1.Jahr 20.000 km
- Fahrleistung 2.Jahr 40.000 km
- Fahrleistung 3.Jahr 30.000 km
- Fahrleistung 4.Jahr 10.000 km
- Fahrleistung 5.Jahr 50.000 km

Berechnen Sie die jährlichen Abschreibungsbeträge.

Aufgabe 7:

In Lummerland gelten besondere steuerliche Abschreibungsvorschriften. Unter anderem ist dort die arithmetrisch-degressive Abschreibung zulässig, was andernorts nicht der Fall ist.

Der Dampfkolbenwinkelfräser, den die **Lukas-Steam-Company** anzuschaffen beabsichtigt, soll nach dieser Methode, also arithmetrisch-degressiv, abgeschrieben werden.

Die Anschaffungskosten betragen € 15.000,--, die planmäßige Nutzungsdauer ist mit 5 Jahren berechnet. Ein Restwert am Ende der Nutzungsdauer wird nicht angenommen.

Berechnen Sie die jährlichen Abschreibungsbeträge über die gesamte Laufzeit.

Aufgabe 8:

Zur Förderung einer schlecht entwickelten Region in Ost-Lummerland hat die Zentralregierung des Landes für eine begrenzte Zeit Sonderabschreibungen (Sonder-AfA) von jeweils 25 % auf die Anschaffungs- oder Herstellungskosten von Wirtschaftsgütern zugelassen und zwar jeweils für die ersten beiden Nutzungsjahre. Aufgrund dieser Regelung ist es möglich, Investitionen in nur zwei Jahren zur Hälfte abzuschreiben. Die Regierung erhofft sich von dieser steuerpolitischen Maßnahme eine Belebung der Wirtschaftstätigkeit, insbesondere soll sie zu einer vermehrten Investitionstätigkeit der Betriebe beitragen.

Die **MALZAHN, ÜBEL & CO.KG** erwirbt daraufhin ein Gebäude für 2. Mio. € und plant Abschreibungen in Höhe von jeweils 500 Tsd. in den ersten beiden Jahren. Die Nutzungsdauer des Gebäudes wird auf 20 Jahre geschätzt, die Abschreibung für solche Wirtschaftsgüter erfolgt sonst linear.

(1) Aus welchen Aufwands- und/oder Kostenpositionen setzen sich diese je 500 Tsd. € Abschreibung zusammen, wenn nur ein tatsächlicher Werteverzehr von 100 Tsd. € pro Jahr vorliegt?

(2) Für die restliche Laufzeit (ab dem dritten Jahr) wird das Gebäude linear abgeschrieben. Wie hoch sind die jährlichen Abschreibungsbeträge?

(3) Die Abschreibungsbeträge ab dem dritten Jahr sind niedriger als der tatsächliche Werteverzehr je Periode, der 100 Tsd. € pro Jahr beträgt. Wie wird dieser tatsächliche Leistungsverzehr (in Aufwands- und/oder Kostenpositionen) von 100 Tsd. € erfasst?

Aufgabe 9:

Für die Herstellung von Beta-Formteilen benötigt die **Jimmy Knopf Nachf. GmbH** Alpha-Rohlinge aus Titan, die je nach Preisentwicklung im Inland oder aus Übersee bezogen werden. Zu Beginn des Geschäftsjahres befanden sich 150 Alpha-Rohlinge am Lager. Der Lagerbestand wurde mit € 1.500,-- bewertet.

Während des Geschäftsjahres gab es drei Nachlieferungen:

- am 1.3. 100 Stück à 12,-- €/St.
- am 1.6. 50 Stück à 17,-- €/St.
- am 1.12. 100 Stück à 10,-- US-Dollar/St.

Der Dollar notierte bei Rechnungslegung der Dezemberlieferung mit 1,50 €/Dollar. Zum Bilanzstichtag am 31.12. ist er auf 1,40 €/Dollar gesunken. Die Rechnung ist zu diesem Zeitpunkt noch nicht beglichen.

Zum Bilanzstichtag wird ein Bestand von 150 Stück registriert.

Bewerten Sie den Bestand zum Bilanzstichtag alternativ nach der Durchschnittsmethode und nach den Verbrauchsfolgeverfahren.

Aufgabe 10:

Die in Lummerland registrierte und dort tätige Im- und Exportfirma **MALZAHN, ÜBEL & CO.KG** kaufte im vergangenen Geschäftsjahr zu verschiedenen Zeitpunkten Präzisionswaagen ein.

Zeitpunkt der Lieferung	Anzahl	Preis pro Stückin €
20.1.	200	24
3.4.	350	22
30.7.	250	30
15.11.	200	26

Am Bilanzstichtag befinden sich 350 Stück im Lager von Malzahn, Übel & Co. An diesem Tag werden die Waagen zu einem Preis von 23,50 € gehandelt (Alle Preise stets ohne Mehrwert- bzw. Einfuhrumsatzsteuer).

Ermitteln Sie den Wert des Bestandes nach der Durchschnittsmethoden sowie nach dem Lifo-, Fifo- und Hifo-Verfahren.

Aufgabe 11:

(1) Nennen Sie je zwei Arten von Rücklagen und Rückstellungen.

Rücklagen	Rückstellungen

(2) Nennen Sie zwei wesentliche Unterschiede zwischen den Rücklagen und den Rückstellungen.

Aufgabe 12:

Eine Verbindlichkeit wird in 10 (20/30) Jahren fällig. Der Rückzahlungsbetrag lautet auf 100.000,-- €. Man rechnet mit einem Kalkulationszins von 5% (7% / 9%).

Der Kapitalwert K berechnet sich der Formel:

$$K = A(1 + i)^{-n} \quad .$$

- A = Auszahlungsbetrag
- i = Kalkulationszinsfuß
- n = Laufzeit in Jahren

Berechnen Sie die Kapitalwerte für die verschiedenen Laufzeiten und Verzinsungen.

Aufgabe 13:

Über die Firma *Dunkelheimer Schrott&Metall* ist wenig bekannt. Folgende Informationen liegen Ihnen vor, die Sie für eine erste Einschätzung der wirtschaftlichen Lage des Unternehmens aufbereiten wollen.

(1)	Betriebsertrag	1.000.000,--
(2)	Materialaufwand	300.000,--
(3)	Personalaufwand	400.000,--
(4)	Abschreibungen	100.000,--
(5)	betriebsfremdes Ergebnis	-
(6)	außerordentliche Erträge	200.000,--
(7)	außerordentliche Aufwendungen	100.000,--
(8)	Gewinn- (Verlust-) Vortrag	-
(9)	Zuführung zu den Gewinnrücklagen	+ 100.000,--
(10)	Veränderungen d. langfristigen Rückstellungen	+ 100.000,--
(11)	Veränderungen der Wertber. und Sonderpos.	-
(12)	Steuern	100.000,--

Berechnen Sie nach diesen Angaben bitte:

a) den Jahresüberschuss

b) den Bilanzgewinn

c) den Cash Flow I, II, III

Aufgabe 14:

Die Meier & Schulze AG erstellt den Jahresabschluss.

Aus der **Buchhaltung** und der **Inventur** ergeben sich die folgenden Positionen, die zu bilanzieren sind:

(1) **Betriebsgebäude**: Wertansatz im Vorjahr 1.507.389,21 €. Das Gebäude wird jetzt im dritten Jahr geometrisch degressiv mit 7 % abgeschrieben.

(2) **Betriebsgrundstück**: Wertansatz im Vorjahr 438.750,-- €.

(3) Betriebsmittel:
Maschine A : 1.100.000,-- € Anschaffungskosten im letzten Jahr; lineare Abschreibung über vier Jahre, Restbuchwert nach vier Jahren 200.000,-- €.
Maschine B: Im laufenden Jahr für 85.000,-- € angeschafft, geometrisch degressive Abschreibung in den ersten vier Jahren mit jeweils 15 %.
Maschine C: Im vorletzten Jahr für 730.000,-- DM angeschafft, lineare Abschreibung über sieben Jahre bei einem Restbuchwert von 45.000,-- €.

(4) **Vorräte**:
Vorräte an **Rohstoff Z**:
Zum letzten Bilanzstichtag 123 Mengeneinheiten (ME) à 2.731,-- €.
Nachlieferungen im lfd. Jahr:

1. Nachlieferung	87 ME	á	2.475,-- €
2. "	184 ME	á	3.121,-- €
3. "	93 ME	á	2.212,-- €
4. "	28 ME	á	2.854,-- €

Bestand am Bilanzstichtag 209 ME.
Bewertet wird nach LIFO.
Vorräte an **Vorprodukt Y**:
Vorjahresbestand 483 ME à 307,37 €.
Nachlieferung im lfd. Jahr 287 ME á 200,58 US-Dollar (Dollar-Kurs bei Lieferung 1.5178 €/Dollar);
Endbestand 392 ME.
Bewertung nach FIFO.
Vorräte an **Fertigprodukt X**:
Jahresendbestand 1731 ME, Herstellungskosten je ME 723,80 €. Das Produkt wird auf Dollarbasis vertrieben, derzeitiger Marktpreis 510,-- US-Dollar/Stück, derzeitiger Dollar-Kurs 1.5723 €/Dollar.
Bewertung der Vorräte an X im Vorjahr insgesamt 928.727,51 €.

(5) **Kassenbestand**: 253.798,13 € (Vorjahr 193.307,11 €)

(6) **Bankguthaben**: 457.814,93 € (Vorjahr 253.748,55 €)

(7) **Aktien**:
7.500 Stück zum Erwerbskurs von 183,20 €/Stück im lfd. Jahr gekauft, 500 Stück der gleichen Unternehmung zum Erwerbskurs von 191,10 €/Stück im letzten Jahr gekauft. Börsenkurs zum Bilanzstichtag 253,13 DM, Vorjahr 142,80 €.
Dividende unverändert 11,-- € je Aktie.

(8) **Forderungen**:
687.428,17 €, davon 25.324,47 € mit einer Laufzeit von einem Jahr (kalkulatorischer Zinssatz 7 % p.a.), weitere 6.105,11 € gelten als nicht eintreibbar.
In der Vorjahresbilanz waren Forderungen in Höhe von 352.441,73 € ausgewiesen.

(9) **Gezeichnetes Kapital**:
30.000 Aktien zum Nennwert von je 50,-- €; Vorjahr 20.000 Stück.

(10) **Kapitalrücklage**:
1.847.351,68 €; Vorjahr 1.093.744,20 €.

(11) **Gewinnrücklage**:
1.812.483,83 €; Vorjahr 1.431,593,70 €.

(12) **Pensions-Rückstellungen**:
Vorjahr 723.512,03 €; im laufenden Jahr wurden zusätzlich Rückstellungen in Höhe von 167.492,09 € gebildet.

(13) **Verbindlichkeiten**:
1.321.709,14 €; Vorjahr 1.107.318,88 €.

Darüber hinaus sind für die Gewinn- und Verlustrechnung folgende Positionen zu berücksichtigen (Vorjahresangaben in Klammern):

(14)	**Umsatzerlöse**	8.327.513,04 € (7.123.409,31 €)
(15)	**aktivierte Eigenleistungen**	(65.391,68 €)

(16) **Materialaufwand**:
Neben den Gütern Z und Y wurde von Vorprodukt Alpha, das nicht bevorratet wird, im Werte von 1.115.777,66 € verbraucht.
Der Materialaufwand betrug im Vorjahr insgesamt 1.704.896,51 €.

(17) **Personalaufwand** 5.009.028,76 € (4.722.466,42 €)

(18) **Steuern** sind für das abgeschlossene Jahr in Höhe von 613.607,89 € zu entrichten, im Vorjahr belief sich die Steuerlast auf 241.919,72 €.

Erstellen Sie die Bilanz und die Gewinn- und Verlustrechnung für die Meier & Schulze AG und berechnen Sie den Cash-Flow I.

MEIER & SCHULZE AG

Bilanz zum 31.12.2006

Aktiva

A. Anlagevermögen

I. Immaterielle Vermögensgegenstände ____________________
II. Sachanlagen ____________________
III. Finanzanlagen ____________________

B. Umlaufvermögen

I. Vorräte ____________________
II. Forderungen und sonst. ____________________
III. Wertpapiere ____________________
IV. Kassenbestand, Bankguthaben ____________________

Bilanzsumme ____________________

Passiva

A. Eigenkapital

I. Gezeichnetes Kapital ____________________
II. Kapitalrücklage ____________________
III. Gewinnrücklagen ____________________
IV. Gewinn-/ Verlustvortrag ____________________
V. Bilanzgewinn ____________________

B. Rückstellungen ____________________

C. Verbindlichkeiten ____________________

Bilanzsumme ____________________

MEIER & SCHULZE AG

Gewinn- und Verlustrechnung 2006

(1) Umsatzerlöse ____________	Betriebsertrag	
(2) Bestandsveränderungen ________	____________	Betriebsergebnis
(3) aktivierte Eigenleist. ________		
(4) sonstige betr. Erträge ________		____________
(5) Materialaufwand ____________		
(6) Personalaufwand ____________	Betriebsaufwand	
(7) Abschreibungen ____________	____________	
(8) sonst. betr. Aufw. ____________		
(9) Ertr. aus Beteil. ____________		
(10) Ertr. aus Wertpap. etc. ________	Finanzerträge	
(11) sonst. betr.fr. Ertr. ________	____________	Betriebsfr. Erg.
(12) Abschr. auf Fin.anl.________	Finanzaufwendungen	____________
(13) Zinsen u.ä. Aufw. ________	____________	
(15) außerordentl. Ertr. ________		
(16) außerordentl. Aufw. ________		
(17) Steuern v. Eink. u.v. Ertr. ______		

Ergebnis der gewöhnlichen Geschäftstätigkeit ____________	Jahresüberschuss ________________
	Bilanzgewinn ________________
außerordentl. Erg. ____________	Zuführ. zu Rücklagen ____________

Aufgabe 15:

Würden Sie folgende Ausgaben und Einnahmen in der Kosten- und Leistungsrechnung berücksichtigen? Bitte begründen sie Ihre Antwort.

1 Kaufpreis eines PC

2 Reparatur eines PC durch eine Fremdfirma

3 Erhaltene Spende für bauliche Unterhaltung

4 Beteiligung an einer anderen Unternehmung

5 Zinseinnahmen aus Geldanlagen

6 Ordentliche Kredittilgung

7 Mieteinnahmen

8 Rohstoffe werden bestellt, bezahlt und auf Lager genommen

9 Rückzahlung von zuviel geleisteten Zahlungen aus dem Vorjahr

10 Mitgliedsbeiträge zu Branchenverband

Aufgabe 16:

Dient die Kostenstellenrechnung der Nachkalkulation, so werden die .... direkt auf die Kostenträger verrechnet.
Dient die Kostenstellenrechnung der Wirtschaftlichkeitskontrolle, so werden die .... über die .... auf die Kostenträger verrechnet. Die .... werden unabhängig von der Zwecksetzung der Kostenstellenrechnung zunächst auf die .... verrechnet.

Aufgabe 17:

Die fixen Kosten betragen bei einer geplanten Produktionsmenge von 200 Stück insgesamt € 12.000,--. Wie hoch sind die Leerkosten, wenn nur 150 Stück produziert werden?

Aufgabe 18:

Eine Unternehmung produziert 200 Stück ihres Produktes **xm13** mit Gesamtkosten von € 6800,--. Bei einer Produktionsmenge von 150 Stück betragen die Gesamtkosten € 5300,--.

Wie hoch sind jeweils die

- fixen Kosten
- variablen Kosten
- (konstanten) Grenzkosten
- Durchschnittskosten?

Aufgabe 19:

Für das vergangene Geschäftsjahr ergeben sich für einen Betrieb folgende Daten (in €):

▪ Gesamtertrag:	12.500,--
▪ Neutraler Ertrag	1.150,--
▪ Gesamtaufwand	11.800,--
▪ Neutraler Aufwand	1.650,--
▪ Zusatzkosten (kalkulatorische Kosten)	500,--
▪ Zusatzleistungen	660,--

Wie groß ist

- der Gesamterfolg?
- der Betriebserfolg?
- der neutrale Erfolg?
- das Betriebsergebnis?

Aufgabe 20:

Findet ein gegenseitiger Leistungsaustausch zwischen .... statt, so muss zunächst im Wege des .... eine Korrektur der Kosten der betroffenen Stellen erfolgen

Aufgabe 21:

(1) Berechnen Sie die Selbstkosten mit Hilfe der differenzierenden Aufschlagkalkulation in einem einfachen Fall:

- 5,-- € Materialeinzelkosten
- 6,50 € Fertigungseinzellöhne
- Materialgemeinkostenzuschlag 10%
- Fertigungsgemeinkostenzuschlag 50 %
- Verwaltungs- und Vertriebsgemeinkostenzuschlag je 10 %

(2) Berechnen Sie die Selbstkosten nach der differenzierenden Aufschlagkalkulation in einem erweiterten Fall:

- 5,-- € Materialeinzelkosten
- Fertigungseinzelkosten I 2,-- €
- Fertigungseinzelkosten II 3,-- €
- Sondereinzelkosten der Fertigung 0,50 €
- Materialgemeinkostenzuschlag 10%
- Fertigungsgemeinkostenzuschlag I 40 %
- Fertigungsgemeinkostenzuschlag II 60 %
- Sondereinzelkosten des Vertriebs 1,10 €
- Verwaltungs- und Vertriebsgemeinkostenzuschlag je 10 %

Aufgabe 22:

Die **Lummerstädter Industrie AG** bearbeitet im Zuge ihrer Kostenrechnung einen Betriebsabrechnungsbogen (BAB). Die Daten der Buchhaltung sind bereits ermittelt und den Kostenstellen zugeordnet.

Schließen Sie den BAB bitte ab, indem Sie die Umlagen durchführen, die Gemeinkostenzuschläge (Ist-Zuschläge) errechnen und mit den Soll-Zuschlägen (Normal-Zuschlägen) vergleichen.

Für die Umlagen gilt folgender Verteilschlüssel:

Umlage 1 im Verhältnis 10 : 20 : 15 : 25 : 20 : 5 : 5

Umlage 2a im Verhältnis 60 : 40

Umlage 2b im Verhältnis 50 : 50

Beachten Sie bitte, dass es sich bei Fertigungsmaterial und Fertigungslöhnen um Einzelkostenkosten handelt, die nicht in die Umlage der Gemeinkosten einbezogen werden.

Kostenstelle / Kostenart	Zahlen der Buchhaltung	Allgem. Kostenstelle	Materialstelle	Hilfskostenstelle 1	Hilfskostenstelle 2	Fertig.-hauptstelle 1	Fertig.-hauptstelle 2	Verw.-stelle	Vertr.-Stelle
Fertigunsmaterial	30.000		30.000						
Fertigungslöhne	150.000					100.000	50.000		
Betriebsstoffe	10.000	1.000	1.500	2.000	500	2.000	2.500	300	200
Raumkosten	15.000	1.000	2.000	1.000	800	5.000	4.000	800	400
Abschreibungen	40.000	5.000	3.000	4.000	3.000	11.000	10.000	3.000	1.000
Summe									
Umlage 1		→							
Summe									
Umlage 2a Umlage 2b				→	→				
Summe									
Ist-Zuschlag									
Soll-Zuschlag			25%			25%	50%	2%	2%
Soll-Gemeinkosten									
Über-/ Unterdeckung									

Aufgabe 23:

Bearbeiten Sie bitte den BAB der **Klosterbräu AG**. Führen Sie die Umlagen durch, ermitteln Sie die Zuschlagssätze, die Normalgemeinkosten, die Differenz der Normal- und Ist-Kosten und berechnen Sie die Herstellkosten.

Betriebsabrechnungsbogen

Kostenstelle			Allg. Kosten	Mate-rial-kosten	Ferti-gungs-stelle	Ver-wal-tung	Ver-trieb
Kostenarten	**Summe**	**Verteilung**					
(1)	(2)	(3)	(4)	(5)	(6)	(7)	(8)
1. Fertigungsmaterial	100.000			100.000			
2. Fertigungslöhne	80.000				80.000		
3. Hilfslöhne	32.000	Schlüssel 1					
4. Energie	20.000	Verbrauch	11.000	2.000	7.000	-	-
5. Hilfsstoffe	6.000	Rechnungen	600	800	4.000	500	100
6. Steuern	24.000	Schlüssel 2					
7. Raumkosten	16.000	nach Fläche	3.000	4.000	7.000	2.000	-
8. Bürokosten	14.000	Mitarbeiterzahl		-	-	9.000	5.000
9. Abschreibungen	28.000	lt. Anlagekartei	5.000	4.000	12.000	3.000	4.000
10. Summe	140.000						
11. Umlage AK		Umlageschlüssel					
12. Summe							
13. IST-Zuschläge							
14. Normal-Zuschläge				28%	76%	12%	7%
15. Normalgemeinkosten							
16. Über-/Unterdeckung							

Schlüssel 1	4 : 5 : 10 : 2 : 4	$\sum$ 25
Schlüssel 2	2 : 6 : 8 : 2 : 2	$\sum$ 20
Umlageschlüssel	4 : 6 : 8 : 3	$\sum$ 21

Über-/Unterdeckung = Normalkosten – IST-Kosten

Aufgabe 24:

Berechnen Sie nach den folgenden Angaben die Herstellkosten und die Selbstkosten:

Fertigungslohnkosten (= Fertigungseinzelkosten)	€ 10,--
Materialeinzelkosten	€ 20,--

Fertigungsgemeinkostenzuschlag		150%
Materialgemeinkostenzuschlag		120%
Vertriebs- und Verwaltungsgemeinkostenzuschlag	je	10%

Aufgabe 25:

In einer Wachsgießerei werden Kerzen unterschiedlicher Größe hergestellt. Bei jeder Kerzengröße wird das gleiche Wachs verwendet. Die Materialkosten, insgesamt € 450.740,--, sind somit proportional zum Kerzenvolumen.

Man hat folgende Daten:

	Kerzensorte		
	klein	mittel	groß
Volumen	100	200	800
Stückzahl	20.000	22.700	10.000

Bestimmen sie durch Äquivalenzziffernrechnung die Materialkosten

(1) pro Kerze je Sorte

(2) pro Kerzensorte.

Aufgabe 26:

Der Flexibilitätsbegriff bei der Plankostenrechnung soll ausdrücken, dass im Gegensatz zur starren Plankostenrechnung .... berücksichtigt werden.

Von der einfachen flexiblen Plankostenrechnung spricht man, wenn die .... ".." berücksichtigt wird. Eine voll flexible Plankostenrechnung liegt vor, wenn .... berücksichtigt werden.

7.2 Aufgabenlösungen

zu Aufgabe 1:

Buchungssatz:

Kasse (A)	20.000
Guthaben bei Kreditinstituten (A)	50.000
an Verbindlichkeiten gegenüber Kreditinstituten (P)	70.000

Buchungen:

Verbindlichkeiten gegen Kreditinstitute (P)

Soll		Haben	
		KI/ Kasse	70.000

Guthaben bei Kreditinstituten (A)

Soll		Haben	
Verb.KI	50.000		

Kasse (A)

Soll		Haben	
Verb.KI	20.000		

zu Aufgabe 2:

(1) lineare Abschreibung:

Abschreibungsbetrag $$a_i = \frac{AK - R_n}{n}$$

- AK = Anschaffungs- bzw. Herstellungskosten
- R_n = Restbuchwert am Ende Abschreibungszeitraums
- n = Abschreibungszeitraum, Nutzungsjahre
- i = laufende Jahre i = 1 … n
- R_i = Restbuchwert in den laufenden Jahren

a_i = € 5.000,--

5 * 5.000 = € 25.000,--

R_5 = € 75.000,--

(2) geometrisch-degressive Abschreibung:

$a_i = q \,.\, R_{i-1}$

Jahr **i**	**Abschreibungsbasis** **AK bzw. R_{i-1}**	**Abschreibungssatz** **q**	**Abschreibungsbetrag** **$a_i = q \,.\, R_{i-1}$**	**Restbuchwert** **R_i**
1	100.000	10 %	10.000	90.000
2	90.000	10 %	9.000	81.000
3	81.000	10 %	8.100	72.900
4	72.900	10 %	7.290	65.610
5	65.610	10 %	6.561	59.049

R_5 = € 59.049

(3) anschließende lineare Abschreibung

a_6 bis a_{20} = 59.049/15 = € 3.936,60

(4) graphischer Darstellung des Restwertes im Zeitablauf

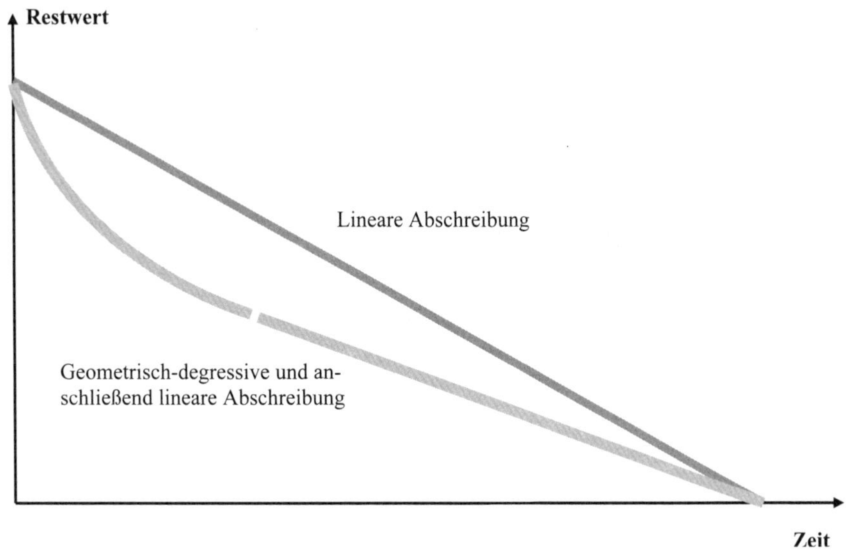

zu Aufgabe 3:

(1) a_i = € 2.400 : 3 = € 800,-- Abschreibung pro Jahr

(2) Restwert im dritten Jahr R_3 € 600,--

2400 - 600 = 1.800

a_i = € 1.800 / 3 = € 600,-- Abschreibung pro Jahr

(3) € 2.400 – 10% = € 2.160,--

€ 2.160 – 600 = € 1.560,--

a_i = € 1.560 : 3 = € 520,-- Abschreibungen pro Jahr

zu Aufgabe 4:

(1) geometrisch-degressive Abschreibung

Jahr i	Abschreibungsbetrag a_i	Restwert R_i
1	6.000	24.000
2	4.800	19.200
3	3.840	15.360
4	3.072	12.288
5	2.457	9.831

Ab dem 6. Jahr € 983,-- Abschreibung p.a. über weitere 10 Jahre.

(2) In der Regel ist der Wechsel sinnvoll, wenn die Abschreibungsbeträge aus der linearen Abschreibung höher werden als aus der degressiven.

zu Aufgabe 5:

(1) Nach neun Jahren ist der Restwert nach der linearen Abschreibung erstmals niedriger als nach der degressiven.

	Restwert nach n Jahren									
i	**1**	**2**	**3**	**4**	**5**	**6**	**7**	**8**	**9**	**10**
linear	72.000	64.000	56.000	48.000	40.000	32.000	24.000	16.000	8.000	0
geom.-degr.	64.000	51.200	40.960	32.768	26.214	20.972	16.777	13.422	10.737	8.590

(2) Es findet ein sog. Aktivtausch statt: (Sach-) Anlagevermögen wird zu (Geld-) Umlaufvermögen.

(3) Das Umlaufvermögen steigt durch die zugeflossenen Mittel oder die entstandene Forderung. Auf der Passivseite erhöht sich das Eigenkapital in Form eines betragsgleichen Gewinnes (Bilanzverlängerung).

zu Aufgabe 6:

Abschreibung nach Leistung und Inanspruchnahme:

- AK = Anschaffungs- oder Herstellungskosten
- L_i = Leistung pro Jahr
- GL = Gesamtleistung $GL = L_1 + L_2 + \ldots + L_n$

Abschreibung pro Leistungseinheit $a_{GL} = \frac{AK}{GL} = \frac{60.000}{150.000} = 0{,}40€$

Abschreibungsbetrag $a_i = a_{GL} \cdot L_i$

Jahr i	a_{GL}	L_i in km	a_i €
1	0,40	20.000	8.000
2	0,40	40.000	16.000
3	0,40	30.000	12.000
4	0,40	10.000	4.000
5	0,40	50.000	20.000

zu Aufgabe 7:

- a_i = Abschreibungsbeträge der Jahre i ⟹ $a_i = \frac{(n-(1-i)) \cdot AK}{N_n}$
- AK = Anschaffungs- oder Herstellungskosten = € 15.000
- n = Zahl der Nutzungsjahre = 5
- N_n = Summe der Nutzungsjahre ⟹ $N_n = \frac{n}{2}(n+1) = \frac{5}{2}(5+1) = 15$

Abschreibungsbeträge:

- 1. Jahr: a_1 = 5.000,--
- 2. Jahr: a_2 = 4.000,--
- 3. Jahr: a_3 = 3.000,--
- 4. Jahr: a_4 = 2.000,--
- 5. Jahr: a_5 = 1.000,--

zu Aufgabe 8:

(1) 1. und 2. Jahr je 500 Tsd. bilanzielle Abschreibungen

= 100 Tsd. Grundkosten (= Zweckaufwand)

+ 400 Tsd. bewertungsbedingter Aufwand

(2) 3. bis 20. Jahr
1000 Tsd. € / 18 Jahre = 55,55 Tsd. € p.a. Abschreibungsbetrag

(3) 55,55 Tsd. € bilanzielle Abschreibungen (Grundkosten = Zweckaufwand

+ 44,45 Tsd. € bewertungsbedingte Zusatzkosten

= 100 Tsd. € Werteverzehr insgesamt

zu Aufgabe 9:

			Bewertung Bestand/Lieferung				
Bestand/ Lieferung	**Menge**	**Preis pro Stück**	**Durch-schnitts-methode**	**Lifo**	**Fifo**	**Hifo**	**Lofo**
Bestand alt	150	10,--	1.500,--	1.500,--	-	1.500,--	-
1.3.	100	12,--	1.200,--	-	-	-	-
1.6.	50	17,--	850,--	-	850,--	-	850,--
1.12.	100	10,--$	1.400,--	-	1.400,--	-	1.400,--
Bestand neu	**150**	**Ø 12,38**	**1.857,--**	**1.500,--**	**2.250,--**	**1.500,--**	**2.250,--**

zu Aufgabe 10:

(1) Durchschnittsmethode:

Zeitpunkt der Lieferung	**Anzahl**	**Preis pro Stück in €**	**Warenwert**
20.1.	200	24	4.800
3.4.	350	22	7.700
30.7.	250	30	7.500
15.11.	200	26	5.200
	∑ 1.000		∑ 25.200

Der Durchschnittswert pro Waage beträgt 25.200/1.000 = 25,20 €.

Der Wertansatz ist nicht zulässig, da der (Markt-)Wert je Waage am Bilanzstichtag niedriger ist.

(2) Lifo-Methode (last in – first out)

Anzahl	Wert in €	Wertsumme
200	24	4.800
150	22	3.300
		8.100

Der Durchschnittswert pro Waage beträgt 8.100/350 = 23,14 €.

Der Wertansatz ist zulässig, da der (Markt-)Wert je Waage am Bilanzstichtag nicht niedriger ist.

(3) Fifo-Methode (first in – first out)

Anzahl	Wert in €	Wertsumme
200	26	5.200
150	30	4.500
		9.700

Der Durchschnittswert pro Waage beträgt 9.700/350 = 27,71 €.

Der Wertansatz ist nicht zulässig, da der (Markt-)Wert je Waage am Bilanzstichtag niedriger ist.

(4) Hifo-Methode (highest in – first out)

Anzahl	Wert in €	Wertsumme
350	22	**7.700**

Der Durchschnittswert pro Waage beträgt 22 €.

Der Wertansatz ist zulässig, da der (Markt-)Wert je Waage am Bilanzstichtag nicht niedriger ist.

zu Aufgabe 11:

(1) Arten von Rücklagen und Rückstellungen

Rücklagen	Rückstellungen
Gewinnrücklagen	Pensionsrückstellungen
Kapitalrücklagen	Gewährleistungsrückstellungen

(2) Abgrenzung von Rücklagen und Rückstellungen

1. Rücklagen sind Eigen-, Rückstellungen sind Fremdkapital.
2. Rücklagen sind versteuert, Rückstellungen nicht.

zu Aufgabe 12:

In Abhängigkeit von Laufzeit und Verzinsung ergeben sich folgende Kapitalwerte für einen Auszahlungsbetrag von € 100.000,--.

	Kalkulationszinsfuß		
Laufzeit	5%	7%	9%
10 Jahre	61.391,--	50.835,--	42.241,--
20 Jahre	37.689,--	25.842,--	17.843,--
30 Jahre	23.138,--	13.137,--	7.537,--

zu Aufgabe 13:

a) Jahresüberschuss und

b) Bilanzgewinn

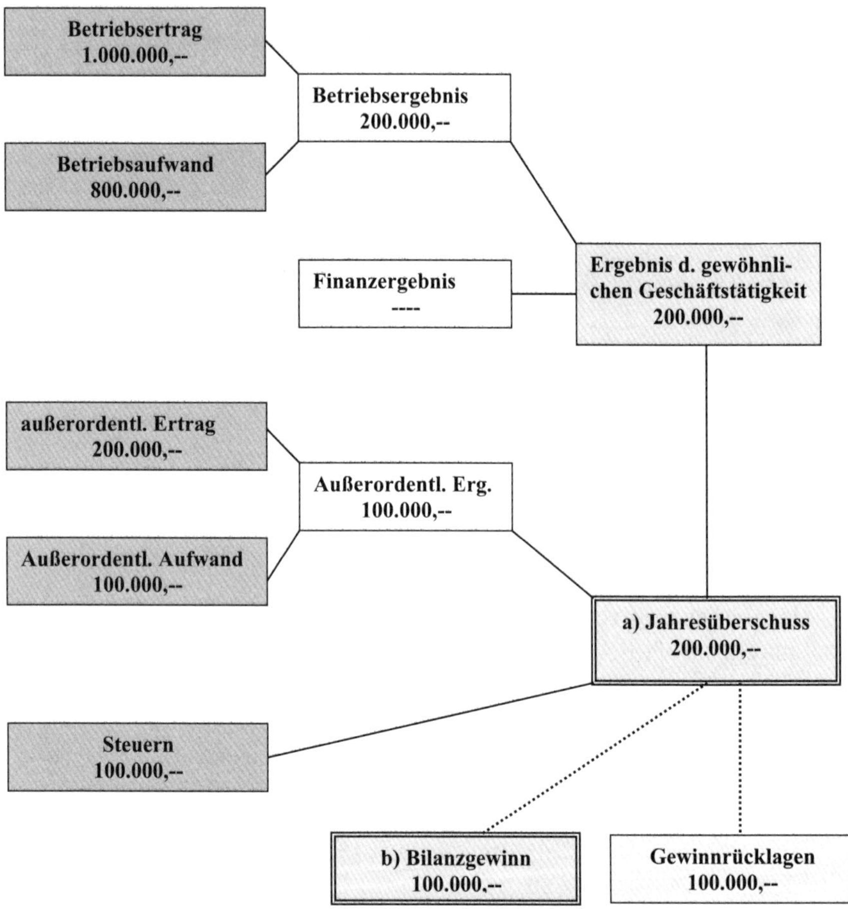

c) Cash flow

- Cash flow I

	Bilanzgewinn	100.000,--
+	Rücklagen	100.000,--
+	Abschreibungen	100.000,--
		300.000,--

- Cash flow II

+	Rückstellungen	100.000,--
+	Wertberichtigungen	0,--
		400.000,--

- Cash flow III

+	außerordentlicher Aufwand	100.000,--
-	außerordentlicher Ertrag	200.000,--
		300.000,--

zu Aufgabe 14:

Der Jahresabschluss der Meier & Schulze AG

Aktiva

A: Anlagevermögen

(1)	Betriebsgebäude	(1.507.389,21 €)	1.401.871,97 €
	Abschreibung:	**105.517,24 €**	
(2)	Betriebsgrundstück	(438.750,-- €)	438,750,-- €
(3)	Betriebsmittel Maschine A:	(875.000,-- €)	650.000,-- €
	Abschreibung:	**225.000,00 €**	
	Maschine B:	(----)	72.250,-- €
	Abschreibung:	**12.750,-- €**	
	Maschine C:	(534.285,72 €)	436.428,58 €
	Abschreibung:	**97.857,14 €**	
AV gesamt		**(3.355.424,93 €)**	**2.999.300,55 €**
Abschreibungen:		441.124,38 €	
Investitionen:		85.000,-- €	

B. Umlaufvermögen

(1)	Rohstoff Z	(335.913,-- €)	548.763,-- €
	Veränd. +	(212.850,-- €)	
(2)	Vorprodukt Y	(148.459,71 €)	119.648,22 €
	Veränd. -	(28.811,49 €)	
(3)	Fertigprodukt X	(928.727,51 €)	1.252.897,90 €
	Veränd. +	(324.170,29 €)	

(4)	Kasse	(193.307,11 €)	253.798,13 €
		Veränd. + (60.491,02 €)	
(5)	Bank	(253.748,55 €)	457.814,93 €
		Veränd. + (204.066,38 €)	
(6)	Aktien	(71.400,-- €)	1.469.550,-- €
		Veränd. + (1.398.150,-- €) davon 24.150,-- € betr. fr. Ertrag	
(7)	Forderungen	(352.441,73 €)	679.666,32 €
		Veränd. + (327.224,59 €)	

UV gesamt	**(2.283.997,61 €)**	**4.782.138,40 €**
Veränderung	(Veränd. + 2.498.140,79 €)	

MEIER & SCHULZE AG

Bilanz zum 31.12.2006

			Vorjahr
Aktiva			
A. AV		**2.999,300,55 €**	**3.355.424,93 €**
	I.	-----	
	II.	2.999.300,55 €	
	III.	-----	
B. UV		**4.782.138,40 €**	**2.283.997,61 €**
	I.	1.921.309,02 €	
	II.	679.666,32 €	
	III.	1.469.550,-- €	71.400,-- €
	IV.	711.613,06 €	
Bilanzsumme		**7.781,438,95 €**	**5.639.422,54 €**
Passiva			
A. EK		**5.568.725,69 €**	**4.091.845,36 €**
	I.	1.500.000,-- €	1.000.000,-- €
	II.	1.847.351,68 €	1.093.744,20 €
	III.	1.812.483,83 €	
	IV.	-----	
	V.	408.890,19 €	283.253,73 €
B. RS		**891.004,12 €**	**723.512,03 €**
C. VB		**1.321.709,14 €**	**1.107.318,88 €**
Bilanzsumme		**7.781.438,95 €**	**5.639.422,54 €**

MEIER & SCHULZE AG

Gewinn- und Verlustrechnung für 2006

(1)	8.327.513,04 €	**( ) Vorjahr**	
	(7.123.409,31 €)	8.835.721,86 €	
(2)	+ 508.208,82 €	(7.560.663,69 €)	
	(+371.862,70)		
(3)	----------		1.291.238,20 €
	((65.391,68)		
(4)	----------		(696.984,22 €)
(5)	2.094.330,52 €	7.544.483,66 €	
	(1.704.896.51 €)		
(6)	5.009.028,76 €	(6.863.679,47 €)	
	(4.722.466,42 €)		
(7)	441.124,38 €		
	(436.316,54)		
(8)	---------		
(9)	---------		
(10)	88.000,-- €		
	(5.500,--)		
(11)	24.150,-- €	112.150,-- €	
(12)	(24.150,--)		112.150,-- €
			(- 18.650,-- €)
...			
			Erg.d.g-GT
			1.403.388,20 €
			(678.334,22 €)
(17)	613.607,89 €		
	(241.919,72 €)	613.607,89 €	
JÜSCH			789.780,31 €
			(436.414,50 €)
BG			408.890,18 €
			(283.253,73 €)
RL			380.890,13 €
			(153.160,77 €)

MEIER & SCHULZE AG

Cash Flow I

2006

			Vorjahr
I.	BG	408.890.18 €	283.253,73 €
	RL	380.890,13 €	153.160,77 €
	AfA	441.124,38 €	436.316,54 €
		1.230.904,69 €	872.731,04 €

Zu Cash Flow II und III liegen keine Daten vor.

zu Aufgabe 15:

		Begründung	Berück-sich-tigung
1	Kaufpreis eines PC	Berücksichtigung über AfA	ja
2	Reparatur eines PC durch eine Fremd-firma	Kosten	ja
3	Erhaltene Spende für bauliche Unterhal-tung	Außerordentlicher Ertrag	nein
4	Beteiligung an einer anderen Unterneh-mung	Finanzinvestition	nein
5	Zinseinnahmen aus Geldanlagen	Erträge	ja
6	Ordentliche Kredittilgung	Finanzinvestition	nein
7	Mieteinnahmen	Erträge	ja
8	Rohstoffe werden bestellt, bezahlt und auf Lager genommen	Ausgabe (noch nicht Auf-wand)	nein
9	Rückzahlung von zuviel geleisteten Zah-lungen aus dem Vorjahr	Periodenfremder Ertrag	jein
10	Mitgliedsbeiträge zu Branchenverband	Kosten (sofern Leis-tungsbezug)	ja

zu Aufgabe 16:

Dient die Kostenstellenrechnung der Nachkalkulation, so werden die ..*Trägereinzelkosten*.. direkt auf die Kostenträger verrechnet. Dient die Kostenstellenrechnung der Wirtschaftlichkeitskontrolle, so werden die .. *Trägereinzelkosten*.. über die ..*Kostenstellen*.. auf die Kostenträger verrechnet. Die ..*Trägergemeinkosten*.. werden unabhängig von der Zwecksetzung der Kostenstellenrechnung zunächst auf die ..*Kostenstellen*.. verrechnet.

zu Aufgabe 17:

Leerkosten = € 3.000,--

zu Aufgabe 18:

(1) Grenzkosten:

Gesamtkosten bei 200St. – Gesamtkosten bei 150 St./Mengendifferenz

$$= \frac{6.800 - 5.300}{50} = 30€$$

(2) Durchschnittskosten:

Gesamtkosten/Menge $= \frac{6.800}{200} = 34€$ und $\frac{5.300}{150} = 35{,}33€$

Variable Kosten pro Stück sind hier gleich den Grenzkosten.

(3) Variable Gesamtkosten:

Menge . variable Kosten pro Stück

= 200 . 300 = 6.000 € bzw. 150 . 30 = 4.500 €

(4) Fixe Kosten:

Gesamtkosten – variable Gesamtkosten

= 6.800 – 6.000 = 800 € bzw. 5.300 – 4.500 = 800 €

zu Aufgabe 19:

(1) Gesamterfolg = Gesamtertrag ./. Gesamtaufwand
= 12.500,-- ./. 11.800,-- = 700,--

(2) Betriebserfolg = Zweckertrag ./. Zweckaufwand
= (12.500,-- ./. 1.500,--) ./. (11.800,-- ./. 1.650,--) = 850,--

(3) Neutraler Erfolg = neutraler Ertrag ./. neutraler Aufwand
= 1.500,-- ./. 1.650,-- = -150

(4) Betriebsergebnis = Betriebserfolg + (Zusatzleistungen ./. Zusatzkosten)
= 850,-- ./. (660,-- ./. 500) = 1.010,--

zu Aufgabe 20:

Findet ein gegenseitiger Leistungsaustausch zwischen ..*zwei Stellen*.. statt, so muss zunächst im Wege des ..*Gutschrift-Lastschrift-Verfahrens*.. eine Korrektur der Kosten der betroffenen Stellen erfolgen.

zu Aufgabe 21:

(1) Differenzierende Aufschlagkalkulation einfacher Fall

Materialkosten der Einzelteile	5,--	Beispiel:
+ Materialgemeinkostenzuschlag	0,50	5,- Materialeinzelkosten
--------------------------------	------	6,50 Fertigungseinzellöhne
Materialkosten	5,50	Materialgemeinkostenzuschlag 10%
		Fertigungsgemeinkostenzuschlag 50 %
Fertigungseinzelkosten	6,50	Verwaltungs- und
Fertigungsgemeinkostenzuschlag	3,25	Vertriebsgemeinkostenzuschlag je 10 %
-------------------------------	----	
Fertigungskosten	9,75	
Herstellkosten Σ	15,25	
+ Vertriebsgemeinkostenzuschlag 1,53		
+ Verwaltungsgemeinkostenzuschlag 1,53	3,06	
Selbstkosten Σ	**18,31**	
der Stücke, der Serie....		

(2) Differenzierende Aufschlagkalkulation erweiteter Fall

Materialkosten der Einzelteile	5,--	Beispiel:
+ Materialgemeinkostenzuschlag	0,50	5,- Materialeinzelkosten
--------------------------------	------	Fertigungseinzelkosten I 2,-
Materialkosten	5,50	Fertigungseinzelkosten II 3,-
		Sondereinzelkosten der Fertigung 0,50
Fertigungseinzelkosten I	2,--	Materialgemeinkostenzuschlag 10%
Fertigungsgemeinkostenzuschlag I	-,80	Fertigungsgemeinkostenzuschlag I 40 %
Fertigungseinzelkosten II	3,--	Fertigungsgemeinkostenzuschlag II 60 %
Fertigungsgemeinkostenzuschlag II	1,80	Sondereinzelkosten des Vertriebs 1,10
Sondereinzelkosten der Fertigung	-,50	Verwaltungs- und
-------------------------------	-----	Vertriebsgemeinkostenzuschlag je 10 %
Fertigungskosten	8,10	
Herstellkosten Σ	**13,60**	
+ Vertriebsgemeinkostenzuschlag 1,36		
+ Verwaltungsgemeinkostenzuschlag 1,36		
+ Sondereinzelkosten des Vertriebs 1,10	3,72	
Selbstkosten Σ	**17,38**	
der Stücke, der Serie....		

zu Aufgabe 22:

Kostenstelle / Kostenart	Zahlen der Buchhaltung	Allgem. Kostenstelle	Materialstelle	Hilfskostenstelle 1	Hilfskostenstelle 2	Fertig.-hauptstelle 1	Fertig.-hauptstelle 2	Verw.-stelle	Vertr.-Stelle
Fertigungsmaterial	30.000		30.000						
Fertigungslöhne	150.000					100.000	50.000		
Betriebsstoffe	10.000	1.000	1.500	2.000	500	2.000	2.500	300	200
Raumkosten	15.000	1.000	2.000	1.000	800	5.000	4.000	800	400
Abschreibungen	40.000	5.000	3.000	4.000	3.000	11.000	10.000	3.000	1.000
Summe	65.000	7.000	6.500	7.000	4.300	18.000	16.500	4.100	1.600
Umlage 1		→	700	1.400	1.050	1.750	1.400	350	350
Summe	65.000		7.200	8.400	5.350	19.750	17.900	4.450	1.950
Umlage 2a				→	→	5.040	3.360		
Umlage 2b					→	2.675	2.675		
Summe	65.000		7.200			24.790	23.935	4.450	1.950
Ist-Zuschlag			24%			24,8%	47,9%	1,9%	0,8%
Soll-Zuschlag			25%			25%	50%	2%	2%
Soll-Gemeinkost.			7.500			25.000	25.000	4.719	4.719
Über-/Unterdeck.			-300			-210	-1.065	-269	-2.769

zu Aufgabe 23:

Klosterbräu AG **Betriebsabrechnungsbogen**

Kostenstelle			Allg. Kosten	Materialkosten	Fertigungsstelle	Verwaltung	Vertrieb
Kostenarten	**Summe**	**Verteilung**					
1. Fertigungsmaterial	100.000			100000			
2. Fertigungslöhne	80.000				80.000		
3. Hilfslöhne	32.000	Schlüssel 1	5.120	6.400	12.800	2.560	5.120
4. Energie	20.000	Verbrauch	11.000	2.000	7.000	-	-
5. Hilfsstoffe	6.000	lt. Rechnungen	600	800	4.000	500	100
6. Steuern	24.000	Schlüssel 2	2.400	7.200	9.600	2.400	2.400
7. Raumkosten	16.000	nach Fläche	3.000	4.000	7.000	2.000	-
8. Bürokosten	14.000	Mitarbeiterzahl		-	-	9.000	5.000
9. Abschreibungen	28.000	lt. Anlagekartei	5.000	4.000	12.000	3.000	4.000
10. Summe	140.000		27.120	24.400	52.400	19.460	16.620
11. Umlage AK			→	5.166	7.749	10.331	3.874
12. Summe				29.566	60.149	29.791	20.494
13. IST-Zuschläge				29,57	75,19	11,05	7,6
14. Normal-Zuschläge				28%	76%	12%	7%
15. Normalgemeinkosten				28.000	60.800	32.365	18.880
16. Über-/Unterdeckung				1.566	+651	+2.574	-1.614

Herstellkosten **269.715,-- €**

zu Aufgabe 24:

Fertigungslohnkosten	€ 10,--
Fertigungsgemeinkosten	€ 15,--
Materialeinzelkosten	€ 20,--
Materialgemeinkosten	€ 24,--
Herstellkosten	€ 69,--
Vertriebs- und Verwaltungsgemeinkosten je € 6,90	€ 13,80
Selbstkosten	€ 82,80

zu Aufgabe 25:

(0) Kosten je Mengeneinheit:

100 ccm * 20.000 St. = 2.000.000 ccm

200 ccm * 22.700 St. = 4.540.000 ccm

800 ccm * 10.000 St. = 8.000.000 ccm

14.540.000 ccm

€ 450.740,-- / 14.540.000 ccm = **0,031 €/ccm**

(1) Materialkosten je Kerze:
0,031 * 100 * 1 = 3,10
0,031 * 100 * 2 = 6,20
0,031 * 100 * 8 = 24,80

(2) Materialkosten je Sorte:
3,10 * 20.000 = 62.000,--
6,20 * 22.700 = 140.740,--
24,80 * 10.000 = 248.000,--

zu Aufgabe 26:

Der Flexibilitätsbegriff bei der Plankostenrechnung soll ausdrücken, dass im Gegensatz zur starren Plankostenrechnung ..*Kosteneinflussgrößen*.. berücksichtigt werden. Von der einfachen flexiblen Plankostenrechnung spricht man, wenn die ..*Einflussgröße "Beschäftigungsgrad"* berücksichtigt wird.
Eine voll flexible Plankostenrechnung liegt vor, wenn ..*alle Einflussgrößen*.. berücksichtigt werden.

Verzeichnis der Abbildungen

Literaturverzeichnis

Baetge, Jörg; Kirsch, Hans-Jürgen; Thiele, Stefan: Bilanzen, 5. Aufl., Düsseldorf 2001

Bieg, Hartmut; Kußmaul, Heinz: Externes Rechnungswesen, 3. Aufl., München; Wien 2003

Buchner, Robert: Buchführung und Jahresabschluss, 6. Aufl., München 2002

Bussiek, Jürgen; Ehrmann, Harald: Buchführung, 8. Aufl., Ludwigshafen 2004

Ditges, Johannes; Arendt, Uwe: Bilanzen, 11. Aufl., Ludwigshafen 2005

Döring, Ulrich; Buchholz, Rainer: Buchhaltung und Jahresabschluss. 6. Aufl., Bielefeld 1998

Eilenberger, Guido: Betriebliches Rechnungswesen. 7. Aufl., München, Wien 1995

Eisele, Wolfgang: Technik des betrieblichen Rechnungswesens, 7. Aufl., München 2002

Freidank, Carl-Christian: Kostenrechnung, 7. Aufl., München, Wien 2000

Heinold, Michael: Der Jahresabschluss, 3. Aufl., München, Wien 1995

Hesse, Kurt; Fraling, Rolf: Wie beurteilt man eine Bilanz? Was Kennzahlen wirklich aussagen, 20. Aufl., Wiesbaden 2000

Koch, Joachim: Jahresabschluss, Bewertung und Bilanzanalyse, Bielefeld 1998

Kresse, Werner; Leuz Norbert (Hrsg.): Bsondere Buchungsvorgänge, Bilanzanalyse, Kostenrechnung, Finanzwirtschaft, 10. Aufl., Stuttgart 2003

Meffle, Günter; Heyd, Reinhard; Weber, Peter: Das Rechnungswesen der Unternehmung als Entscheidungsinstrument, 2. Aufl., Köln, Wien 2001

Oettle, Karl: Kameralistik, in: Klaus Chmielewicz, Marcell Schweitzer (Hrsg.): Handwörterbuch des Rechnungswesens, Stuttgart 1993

Olfert, Klaus: Kostenrechnung, 14. Aufl., Ludwigshafen 2005

Preißner, Andreas: Praxiswissen Controlling, Grundlagen, Werkzeuge, Anwendungen, 4. Aufl., München, Wien 2005

Rössle, Werner; Tiede, Heiner: Finanz- und Rechnungswesen, 6. Aufl., Bad Wörishofen 2003

Scheffler, Eberhard: Bilanzen richtig lesen. Echnungslegung nach HGB und IAS/IFRS, 6. Aufl., München 2004

Schierenbeck, Henner: Grundzüge der Betriebswirtschaftslehre, 16. Auflage, München, Wien 2003

Schultz, Volker: Basiswissen Rechnungswesen, 3. Aufl., München 2003

Sikorski, Ralf; Wüstenhöfer, Ulrich: Rechnungswesen – Buchführung und Jahresabschluss nach Handels- und Steuerrecht, 6. Aufl., München 2002

Weber, Jürgen; Weißenberger, Barbara E.: Einführung in das Rechnungswesen, 7. Aufl., Stuttgart 2006

Wöhe, Günther; Döring, Ulrich: Einführung in die Allgemeine Betriebswirtschaftslehre, 22. Aufl., München 2005

Wöltje, Jörg: Buchführung und Jahresabschluss, Stuttgart, Berlin, Köln 2001

Ziegenbein, Klaus: Controlling, 8. Aufl., Ludwigshafen 2004

Zimmermann, Werner; Fries, Hans-Peter; Hoch, Gero: Betriebliches Rechnungswesen, 8. Aufl., München, Wien 2003

Forschungsstelle für Betriebsführung und Personalmanagement e.V.

Schriftenreihe

Band 1
Roland Dincher :
Die Arbeitsverwaltung als Personaldienstleister.
Ergebnisse und Analysen zum Dienstleistungsmarketing der Arbeitsverwaltung, 218 S., 2001,
ISBN 3-936098-01-8

Band 2
Claudia Prusik:
Implizite außerfachliche Auswahlkriterien von Betrieben bei der Einstellung von Auszubildenden, 94 S., Diplomarbeit, 2003
ISBN 3-936098-02-6

Band 3
Roland Dincher:
Personalwirtschaft,
Lehr- und Übungsbuch, 305 S., 2.Aufl., 2003
ISBN 3-936098-03-4

Band 4
Roland Dincher; Hans-Jörg Ehreiser; Heinrich Müller-Godeffroy:
Einführung in das betriebliche Rechnungswesen,
Lehr- und Übungsbuch, 212 S., 2. Aufl., 2006
ISBN 3-936098-24-7

Band 5

Roland Dincher; Heinrich Müller-Godeffroy; Anton Wengert:
Einführung in das Dienstleistungsmarketing,
Lehr- und Übungsbuch, 192 S, 2004
ISBN 3-936098-05-0

Band 6

Roland Dincher:
Personalmarketing und Personalbeschaffung.
Einführung und Fallstudie zur Anforderungsanalyse und Personalakquisition,
104 S, 2005
ISBN 3-936098-06-9

Band 7

Peter Cornelius; Roland Dincher; Heinrich Müller-Godeffroy:
Einführung in die Betriebswirtschaftslehre für die Verwaltung,
Lehr- und Übungsbuch, 305 S., 2005
ISBN 3-936098-07-7